全栈软件测试自动化

Selenium 和 Appium（Python 版）

51Testing 软件测试网◎组编

赵旭斌　余杰◎编著

人民邮电出版社

北　京

图书在版编目（CIP）数据

全栈软件测试自动化 ：Selenium和Appium ：Python
版 ／ 51Testing软件测试网组编 ；赵旭斌，余杰编著
. -- 北京 ：人民邮电出版社，2020.3（2023.3重印）
ISBN 978-7-115-53077-6

Ⅰ. ①全… Ⅱ. ①5… ②赵… ③余… Ⅲ. ①软件开
发—自动检测 Ⅳ. ①TP311.55

中国版本图书馆CIP数据核字（2020）第002438号

内 容 提 要

本书全面讲解了使用 Python、Selenium 和 Appium 进行自动化测试的方法与技术。本书主要内容包括自动化测试、关键识别技术和常见控件的使用、移动端自动化测试实例和核心原理、自动化测试实战项目原型设计、接口测试、Python Requests 接口测试实战等。

本书适合测试人员阅读，也可供相关专业人士参考。

◆ 组　　编　51Testing 软件测试网
◆ 编　　著　赵旭斌　余 杰
　　责任编辑　张　涛
　　责任印制　王　郁　焦志炜
◆ 人民邮电出版社出版发行　　北京市丰台区成寿寺路 11 号
　　邮编　100164　　电子邮件　315@ptpress.com.cn
　　网址　http://www.ptpress.com.cn
　　北京七彩京通数码快印有限公司印刷
◆ 开本：800×1000　1/16
　　印张：13.5　　　　　　　　　　2020 年 3 月第 1 版
　　字数：258 千字　　　　　　　 2023 年 3 月北京第 5 次印刷

定价：59.00 元

读者服务热线：**(010)81055410**　印装质量热线：**(010)81055316**
反盗版热线：**(010)81055315**
广告经营许可证：京东市监广登字20170147号

"51Testing 软件测试网作品系列"
编辑委员会名单

前　　言

首先，感谢多年来一直在支持《精通 QTP——自动化测试技术领航》的读者，正是因为各位读者的大力支持，才让我们有动力编写本书。

这些年，我们每年都会收到 51Testing 和出版社的邀请，希望我们编写《精通 QTP——自动化测试技术领航》的升级版或者编写——本相关题材的书。

由于种种原因，直到近期我们才决定编写本书。目前 Python 和 Selenium 以及移动端自动化测试技术的发展非常迅速，关于 QTP（Quick Test Professional），其实《精通 QTP—自动化测试技术领航》已经阐述得非常详细了［QTP 被惠普公司收购后改名为 UFT（Unified Functional Testing）］。"新版 QTP"只是界面更加美观，功能更加丰富，核心内容仍然变化不大，所以升级《精通 QTP——自动化测试技术领航》的意义不大。

关于本书，原先计划只写 Selenium 和 Appium 两方面的内容，不过根据近年来主流的自动化测试金字塔原型判断，接口测试占比较多，所以我们把 API 自动化测试的内容添加到本书中。

本书主要内容

本书包括 6 章和两个附录，主要内容如下。

- 第 1 章和第 2 章主要基于 Python 的 unittest 框架，讲解 Selenium WebDriver 在项目测试中的各种实际应用。
- 第 3 章结合一个实际案例讲解如何在 iOS 和 Andriod 系统上进行移动端的 UI 自动化测试。
- 第 4 章通过案例的形式，讲解自动化测试框架的搭建技术，帮助读者提高测试技能。
- 第 5 章介绍 API 接口测试的基础概念；第 6 章讲解一个自动化接口测试实例，以及实战中用到的技术和技巧。通过学习这些知识，读者可以提高测试效率。
- 附录 A 是第 5 章和第 6 章内容的延续，拓展性地讲解使用 JMeter 完成自动化接口测试的案例。
- 附录 B 讲解移动端抓包技术。

本书读者对象

- UI 方向的自动化测试工程师

Selenium WebDriver 是目前主流的 UI 自动化测试框架，功能强大，支持各种开发语言，推荐自动化测试工程师先学习 Python 语言，再接触 Selenium。本书第 1 章和第 2 章详细介绍 UI 自动化测试技术。

- API 方向的自动化测试工程师

Python 的 Requests 模块可以使我们轻松驾驭 API 接口测试的自动化工作。接口测试的自动化也是目前自动化测试的方向。本书第 5 章和第 6 章可以帮助读者快速学习这方面的知识。

- 移动端方向的自动化测试工程师

许多工作多年的测试工程师因为从事的领域或者测试项目的限制，工作中可能接触不到 App 测试，或者正准备开始 App 的自动化测试学习之旅。本书第 3 章满足了读者这方面的学习需求。

- 测试框架方向的测试开发工程师

测试开发工程师或者自动化测试团队的核心人员往往需要搭建全局的自动化测试框架、编写公共函数等。本书第 4 章提供了这方面的完整案例。

- 自动化测试培训讲师

如果读者需要在公司内部进行培训或者技术分享，可以借鉴本书提供的大量案例。

致谢

首先，非常感谢上海博为峰软件技术股份有限公司（51Testing 软件测试网）的信任和支持，这已经是我们第二次深度合作。其次，感谢人民邮电出版社编辑的辛勤工作，正是因为他们的大力支持，本书才得以与读者见面。最后，感谢一直支持我们的家人、同事和朋友们。

写书确实非常不容易。我们把零散的知识点进行汇总，精心寻找素材并设计各个实例，以便系统地呈现全栈软件测试的精髓。读者如需要书中相关工具安装包和配套资料可加读者交流 QQ 群（470983754）领取，对本书内容有疑问也可在群中交流。

由于作者知识和水平有限，疏漏在所难免，请广大读者指正。编辑联系邮箱：zhangtao@ptpress.com.cn。

作者

服务与支持

本书由异步社区出品，社区（https://www.epubit.com/）为您提供后续服务。

提交勘误

作者和编辑尽最大努力来确保书中内容的准确性，但难免会存在疏漏。欢迎您将发现的问题反馈给我们，帮助我们提升图书的质量。

当您发现错误时，请登录异步社区，按书名搜索，进入本书页面，单击"提交勘误"，输入勘误信息，单击"提交"按钮即可（见下图）。本书的作者和编辑会对您提交的勘误进行审核，确认并接受后，您将获赠异步社区的 100 积分。积分可用于在异步社区兑换优惠券、样书或奖品。

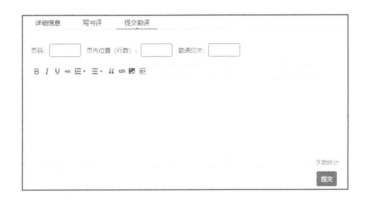

扫码关注本书

扫描下方二维码，您将会在异步社区微信服务号中看到本书信息及相关的服务提示。

与我们联系

我们的联系邮箱是 contact@epubit.com.cn。

如果您对本书有任何疑问或建议，请您发邮件给我们，并请在邮件标题中注明本书书名，以便我们更高效地做出反馈。

如果您有兴趣出版图书、录制教学视频，或者参与图书翻译、技术审校等工作，可以发邮件给我们；有意出版图书的作者也可以到异步社区在线投稿（直接访问 www.epubit.com/selfpublish/submission 即可）。

如果您所在学校、培训机构或企业想批量购买本书或异步社区出版的其他图书，也可以发邮件给我们。

如果您在网上发现有针对异步社区出品图书的各种形式的盗版行为，包括对图书全部或部分内容的非授权传播，请您将怀疑有侵权行为的链接发邮件给我们。您的这一举动是对作者权益的保护，也是我们持续为您提供有价值的内容的动力之源。

关于异步社区和异步图书

"**异步社区**"是人民邮电出版社旗下 IT 专业图书社区，致力于出版精品 IT 技术图书和相关学习产品，为作译者提供优质出版服务。异步社区创办于 2015 年 8 月，提供大量精品 IT 技术图书和电子书，以及高品质技术文章和视频课程。更多详情请访问异步社区官网 https://www.epubit.com。

"**异步图书**"是由异步社区编辑团队策划出版的精品 IT 专业图书的品牌，依托于人民邮电出版社近 30 年的计算机图书出版积累和专业编辑团队，相关图书在封面上印有异步图书的 LOGO。异步图书的出版领域包括软件开发、大数据、AI、测试、前端、网络技术等。

异步社区

微信服务号

目　　录

第 1 章　新的起点——自动化测试

1.1　经典自动化测试实例

1.1.1　环境搭建

在开始介绍 Mercury Tours 这个 UI 自动化测试经典实例之前，需要部署整个测试脚本的开发环境，如安装 Selenium。Selenium 几乎可以支持市面上任何一种流行的语言，如 Java、Python、Ruby 和.NET，现在读者需要做的就是从这些语言中选出自己比较擅长或者感兴趣的一种。在这些语言中，Python 和 Ruby 具有开发速度快、语法简单的优点。其实，很多企业也将 Python 或 Ruby 这两门语言作为自动化测试的首选语言。本书就是基于

最近在测试界非常流行的语言 Python 讲述自动化测试相关知识的。如果读者对 Python 语言不熟悉，建议先了解一下 Python 的相关知识。

1．安装 Python

1）Windows 操作系统用户的安装方式

（1）打开 Python 官网，找到 Python 的下载页面，即可以看到相应版本的下载地址，如图 1.1 所示。如果读者需要下载历史版本，则只需要找到对应的历史版本即可。选择 Python 3.x 版本，单击 Download 按钮即可下载。

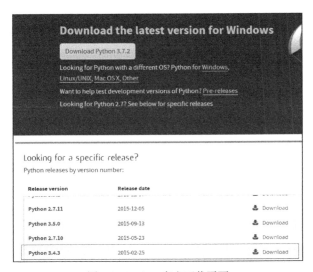

图 1.1　Python 官方下载页面

（2）双击下载的 Python 安装包，即可打开 Python 的安装界面。首先，根据具体情况选择安装用户（是为计算机用户自己还是为计算机所有用户安装 Python），这里选择的是 Install for all users，如图 1.2 所示。然后，单击 Next 按钮。

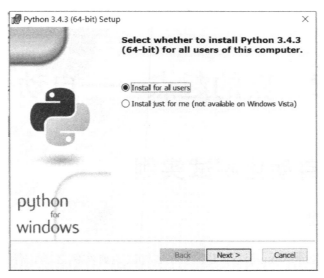

图 1.2　选择 Install for all users

（3）如图 1.3 所示，在 Python 安装过程中，系统会默认在 C 盘上生成名为"Python34"的文件夹，并将所有文件安装到这个目录下。然后，单击 Next 按钮。

图 1.3　选择 Python 安装路径

（4）在随后出现的定制界面中，用户可以个性化设置自己的 Python，包括帮助文档、测试套件和 pip 等，如图 1.4 所示。例如，pip 是一个 Python 包管理工具，能够方便地安装各种各样的 Python 包。在后面，会使用 pip 安装 Python 包。

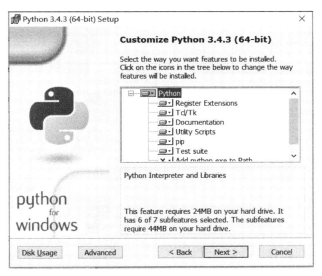

图 1.4　选择 Python 组件

（5）设置完毕后，单击 Next 按钮，就会进入 Python 安装过程，如图 1.5 所示。

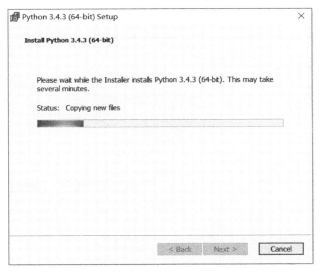

图 1.5　Python 安装过程

（6）若出现图 1.6 所示的界面，则表明 Python 安装完毕，可单击 Finish 按钮结束安装过程。

（7）虽然 Python 已经安装完毕，但是仍然需要检查一下 Windows 系统（作者使用的是 Windows 10）的环境变量。如图 1.7 所示，如果用户发现 Path 中没有出现 "C:\Python34\" 和 "C:\Python34\Scripts\"（注意，此处路径由安装 Python 时选择的安装路径而定），那么单击"编辑"按钮，在弹出的"编辑环境变量"对话框中单击"新建"按钮，把它们依次添加进去，如图 1.8 所示。

图 1.6　Python 安装完毕

图 1.7　检查环境变量

图 1.8　添加 Python 环境变量

至此，在 Windows 操作系统中的 Python 环境搭建完毕。

2）macOS 系统用户的安装方式

在 macOS 系统中，只需要下面一行命令即可完成 Python 的安装。

```
brew install python
```

2. 安装 Selenium 库

在安装 Selenium 的 Python 库之前，必须要首先确保整个 Python 环境搭建没有问题。

读者可以从 Python 官网下载 Selenium 库，然后一步一步进行手动安装。本书推荐使用下列命令行进行安装（如图 1.9 所示）。

```
pip install selenium
```

图 1.9　通过 pip 方式安装 Selenium

在图 1.9 中可以看到，当使用 pip 命令安装 Selenium 时，它会自动寻找 Selenium 库并下载和安装，所有这一切都是自动进行的。

1.1.2　PyCharm

提及 Python 的集成开发环境（Integrated Development Environment，IDE），市面上有很多成熟、好用的产品，如 PyCharm、Atom 等。如果读者喜欢轻量级的产品，可以选择 Sublime Text 或者 Atom。如果读者习惯了 Eclipse 的工作方式，可以选择使用 PyDev。如果读者习惯使用 Vim，可以通过一定的方法把 Vim 打造成 Python 的 IDE。

读者可以选择一款自己喜爱的编辑器使用，而本书选择目前非常流行的 PyCharm。如果用户已经在使用它了，那么可跳过本节内容。

PyCharm 提供了代码分析、代码智能提示、代码调试、版本控制集成等众多实用功能，其分为专业收费版本和社区免费版本。对于使用 Selenium 进行自动化测试来说，采用社区免费版本即可。读者可以到 JetBrains 官方网站下载最新版本的 PyCharm IDE 客户端，如图 1.10 所示。

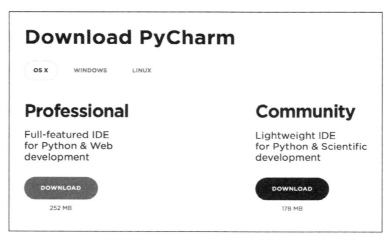

图 1.10　PyCharm 官方下载页面

需要特别注意的地方是，在 PyCharm 下载页面中，Professional 是指专业收费版本，而 Community 则是指社区免费版本。用户可按个人的需求下载相应的版本，企业级专业用户建议使用专业收费版本。

限于篇幅，安装 PyCharm 的过程不再具体阐述了。等安装完 PyCharm 以后，用户就可以使用并创建新项目了。

如果用户的系统上安装了多个 Python 环境，那么 PyCharm 在用户创建项目的时候需要指定一个合适的 Python 版本（见图 1.11）。当然，如果用户使用了 Virtualenv 创建的 Python 虚拟环境，也需要记得在此处切换到用户已经创建的 Python 环境。在创建项目之后，可以编写一个基础的脚本来验证一下 PyCharm 的运行环境是否正常、Python 脚本是否运行正常。

图 1.11　选择 Python 版本

注意，如图 1.11 所示，Interpreter 下拉列表中会出现所有用户已经安装好的不同版本的 Python 环境（Python 2 和 Python 3 在语法上有一定的区别），用户可根据实际需要选择相应版本。

如图 1.12 所示，首先，在项目根目录中新建一个 Python 文件。

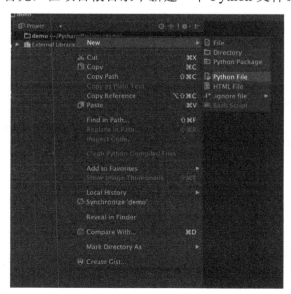

图 1.12　在项目根目录中新建 Python 文件

然后，在弹出的 New Python file 对话框中输入相应的文件名，如图 1.13 所示。输入相应的文件名后，单击 OK 按钮。此时，第一个 Python 文件就创建好了。

下面可以尝试输入以下脚本。

```
print('hello selenium')
```

接下来，在 demo 文件上右击，在弹出的快捷菜单中选择 Run 'demo'命令即可运行脚本，如图 1.14 所示。

图 1.13　输入 Python 文件名

图 1.14　执行 Python 项目

在上述脚本运行后，可以看到 PyCharm 的运行日志成功输出了"hello selenium"消息，如图 1.15 所示。

图 1.15　脚本运行结果

如果读者进行到这一步且没有出现任何问题，说明已经成功完成了 Python IDE 的准备工作，可以进入下一环节了。

1.1.3　UI 自动化测试的延续——Selenium WebDriver

熟悉 QTP/UFT 的读者一定对 Mercury Tours 网站不陌生。该网站提供了一个模拟飞机

订票的实例，很适合新手进行自动化测试实践。下面先从一段经典的脚本实例开始介绍
这个实例。

```python
from selenium import webdriver
driver = webdriver.Firefox()
driver.get("Mercury Tours 网站网址")
assert "Mercury Tours" in driver.title
username_edit = driver.find_element_by_name("userName")
password_edit = driver.find_element_by_name("password")
login_button = driver.find_element_by_name("login")
username_edit.send_keys("mercury")
password_edit.send_keys("mercury")
login_button.click()
assert "Find a Flight" in driver.title
driver.close()
```

下面对上述脚本进行解释。

```python
from selenium import webdriver
```

有 Python 基础的读者一看就明白，这一行代码的作用是导入 Selenium 的 WebDriver
模块。

```python
driver = webdriver.Firefox()
```

通过 webdriver.Firefox()创建一个 Firefox 浏览器的 webdriver 实例，并返回给变量
driver。

```python
driver.get("Mercury Tours 网站网址")
```

这行代码表示跳转到飞机订票系统的页面。需要注意的是，此处的 driver.get()方法实际
上会自动等待页面加载完毕再继续执行后续的方法。当然，如果页面中存在许多 AJAX
加载形式，则此方法是无法智能地进行自动等待的，后面的章节会介绍如何处理这类
情况。

```python
assert "Mercury Tours" in driver.title
```

这行代码的作用是验证打开页面后的 title 是否包含"Mercury Tours"这个字符串。
需要注意的是，如果验证失败，脚本会自动停止，后续脚本不会继续执行。

```python
username_edit = driver.find_element_by_name("userName")
password_edit = driver.find_element_by_name("password")
login_button = driver.find_element_by_name("login")
```

Selenium 提供了许多方式来识别对象，多数情况下以 find_element_by 开头，在 by 后面
可以跟 id、name、xpath 和 tag_name 等。这个实例中使用的是 find_element_by_name，从字
面意思就可以理解，它根据对象的 name 属性进行识别，获取对象后自动返回给 username_edit、

password_edit 和 login_button 变量。

> 如何才能获取这个 name 属性值呢？对此问题，此处先不展开说明，后续章节会详细讲解如何抓取这些控件的属性值，并介绍更多的对象识别方式。

```
username_edit.send_keys("mercury")
password_edit.send_keys("mercury")
login_button.click()
```

识别到对象后，就可以直接与对象进行一些交互了，如单击、输入文本和选择下拉列表等。在本例中，输入的用户名和密码均是字符串 mercury，最后单击 login（登录）按钮进行登录。

```
assert "Find a Flight" in driver.title
```

在登录之后，出现的结果无非是两种情况，即登录成功或者登录失败。因此，需要验证登录成功后的页面标题是否包含"Find a Flight"字样。

```
driver.close()
```

最后这行代码的作用是关闭浏览器窗口。其实可以使用两种方式关闭浏览器窗口，除了 driver.close 以外，还可以使用 driver.quit 来关闭浏览器。区别在于，driver.close 的作用是关闭浏览器当前的标签页，如果当前仅有一个标签页，那么就会关闭当前浏览器，而 driver.quit 会直接关闭整个浏览器，无论当前有多少个标签页。

1.2 更多自动化测试战术体验

1.2.1 利用 unittest 组织测试脚本

由于 Selenium 本身并没有提供一套完整的测试框架，因此我们选用 unittest 测试框架来进一步完善自动化测试脚本。下面是实现的程序。

```
import unittest
from selenium import webdriver
class BookFlight(unittest.TestCase):
        def setUp(self):
            #实例化
            self.driver = webdriver.Firefox()

        def test_login(self):
```

```
        driver = self.driver
        driver.get("Mercury Tours 登录页面")
        assert "Mercury Tours" in driver.title
        username_edit = driver.find_element_by_name("userName")
        password_edit = driver.find_element_by_name("password")
        login_button = driver.find_element_by_name("login")
        username_edit.send_keys("mercury")
        password_edit.send_keys("mercury")
        login_button.click()
        assert "Find a Flight" in driver.title

    def tearDown(self):
        self.driver.close()

if __name__ == "__main__":
    unittest.main()
```

运行这个自动化测试脚本，脚本运行结果如图 1.16 所示。可以看出脚本正常运行。

图 1.16　脚本运行结果

与之前的例子有所不同的是，我们创建了一个新的 BookFlight 类并且继承了 unittest.TestCase。一旦任何一个类继承了 TestCase 类，这个类就自动变为 unittest 单元测试类。类似于 Java 的 JUnit，BookFlight 类同样包括了 setUp 方法及 tearDown 方法。setUp 方法通常代表一个类的初始化，它会在每一个 test 方法之前运行，所以我们会看到在此方法中加入了 self.driver = webdriver.Firefox()。具体代码如下。

```
def setUp(self):
    self.driver = webdriver.Firefox()
```

这样做就无须在每一个 test 方法之前都创建一个 driver 对象了。此处将 webdriver.Firefox()实例返回给 self.driver。这样操作以后，此类中的其他方法都可以使用此 driver 实例了。

至于 tearDown 方法，它和 setUp 方法的作用几乎一样，它会在每一个 test 方法之后运行，因此通常会把一些诸如退出、关闭之类的操作放入其中。此处我们加入了 self.driver.close()，这样我们就无须在每一个 test 方法之后加入关闭操作了。具体代码如下。

```
def tearDown(self):
    self.driver.close()
```

提示

> 在 Python 编程中，通常我们使用全小写的方式对方法、变量等进行命名，如 my_first_python_script，但是有两个特殊情况。其一，类的命名不遵循这个规则；其二，setUp 是一个特殊方法，改为全部小写之后就不起作用了，这个方法相当于 JUnit 中的 setUp，在每个 test 方法之前都会运行，是关键字，区分大小写。

最后，查看这个脚本的核心部分，即 test_login 这个测试方法。具体代码如下。

```python
def test_login(self):
    driver = self.driver
    driver.get("Mercury Tours 登录页面")
    assert "Mercury Tours" in driver.title
    username_edit = driver.find_element_by_name("userName")
    password_edit = driver.find_element_by_name("password")
    login_button = driver.find_element_by_name("login")
    username_edit.send_keys("mercury")
    password_edit.send_keys("mercury")
    login_button.click()
    assert "Find a Flight" in driver.title
```

"driver = self.driver" 这一行代码表示将 driver 对象指向之前 setUp 创建的实例对象，这样可使用 driver 完成后续的一些操作。

提示

> 所有方法名必须要以 test 开头，否则 PyUnit 不会执行这个方法，因为 PyUnit 会把这个方法作为普通方法而不是测试方法。
>
> 当然，在 Python 中，除了 unittest 之外，还有另外两个非常棒的单元测试框架——Nose 和 PyTest，有兴趣的读者可以尝试一下。一旦学会了 unittest，你很快就能上手其他框架。

1.2.2 测试用例的数据驱动

代码片段如下。

```python
import unittest
from selenium import webdriver
class BookFlight(unittest.TestCase):
    def __init__(self,username,password):
        unittest.TestCase.__init__(self, methodName='test_login')
        self.username = username
        self.password = password

    def setUp(self):
```

```
        self.driver = webdriver.Firefox()

    def test_login(self):
        driver = self.driver
        driver.get("Mercury Tours 登录页面")
        assert "Mercury Tours" in driver.title
        username_edit = driver.find_element_by_name("userName")
        password_edit = driver.find_element_by_name("password")
        login_button = driver.find_element_by_name("login")
        username_edit.send_keys(self.username)
        password_edit.send_keys(self.password)
        login_button.click()
        assert "Find a Flight" in driver.title, \
        "\n==> username:{0}\n==> password:{1}". \
        format(self.username,self.password)

    def tearDown(self):
        self.driver.close()

if __name__ == "__main__":
    def data_driven_suite():
        data_repositories = [
        {'usr':'mercury','pwd':'mercury'},
        {'usr':'mercury1','pwd':'mercury'},
        {'usr':'mercury2','pwd':'mercury'},
        ]
        tests = []
        for data in data_repositories:
            tests.append(BookFlight(data['usr'],data['pwd']))

        return unittest.TestSuite(tests)

runner = unittest.TextTestRunner()
runner.run(data_driven_suite())
```

首先，看 BookFlight 类，它增加了 __init__ 方法。此方法就是一个类的构造器，当类被初始化的时候被执行。一个实例化只会执行一次，无论类中存在多少个 test 方法，而 setUp 方法会在每一个 test 方法前执行。继续看代码。

```
    def __init__(self,username,password):
        unittest.TestCase.__init__(self, methodName='test_login')
        self.username = username
        self.password = password
```

在上面的代码中，首先指定需要执行的测试方法名 test_login，并增加了两个参数，即 username 和 password，这样做是为了从外部"实例化"测试类的时候，把用户名和密码传入此类中以达到参数化的目的。然后，如下面的代码片段所示，将脚本中的用户名和密码一并替换成了 self.username 和 self.password。

```
username_edit.send_keys(self.username)
password_edit.send_keys(self.password)
```

接着，再来看 data_driven_suite 这个方法，它是用于数据驱动的核心方法。

```
def data_driven_suite():
    data_repositories = [
        {'usr':'mercury','pwd':'mercury'},
        {'usr':'mercury1','pwd':'mercury'},
        {'usr':'mercury2','pwd':'mercury'},
    ]

    tests = []
    for data in data_repositories:
        tests.append(BookFlight(data['usr'],data['pwd']))
    return unittest.TestSuite(tests)
```

在以上代码中，首先创建了一个字典数组 data_repositories，其中包含了 3 组用户名和密码。然后，创建了一个空的 tests 数组，如果不理解，可以把这个空的 tests 数组看作一个用于存放所有 test 库的数组，把需要执行的 test 全部放在里面。接着，用一个 for 循环遍历整个 data_repositories 中的 3 组用户名和密码，生成 3 组不同用户名和密码的 test，并将其添加到 tests 库中。最后，将整个 tests 库合并成一个测试集（testsuite）并返回。

```
runner = unittest.TextTestRunner()
runner.run(data_driven_suite())
```

上面的程序表示把整个 suite 传给 runner.run 函数，之后即可运行。通过以上方式即可完成 3 组数据驱动测试，测试结果如图 1.17 所示。

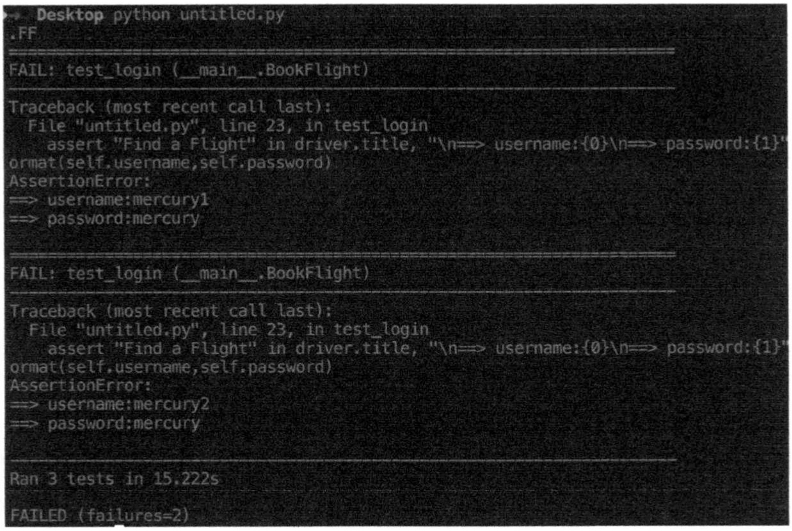

图 1.17　利用 unittest 框架执行的测试结果

一共有 3 组测试，失败了两组，因为第二组和第三组的用户名与密码都是不正确的。同时，测试结果中输出了出错时所使用的数据，这是因为我们已经在脚本的"assert"中加入了日志输出功能。具体代码如下。

```
assert "Find a Flight" in driver.title, \
"\n==> username:{0}\n==> password:{1}". \
format(self.username,self.password)
```

提示

在代码片段中，每行句末的符号"\"是 Python 中的续行符号。

1.2.3　生成漂亮的测试报告

终于到了展示测试报告的环节了，下面我们学习使用 HTMLTestRunner 制作一张精美的 HTML 格式的测试报告。需要先下载 HTMLTestRunner 这个 py 文件，读者可以自行上网搜索。另外，为了后续方便使用，请确保此文件存放在测试脚本的同级目录中。

接下来我们所要做的事情非常简单，只需要把之前代码中的 runner = unittest.TextTestRunner() 替换成下面这段代码。

```
import HTMLTestRunner
    report_file = file('demo.html', 'wb')
    runner = HTMLTestRunner.HTMLTestRunner(
        stream = report_file,
        title = 'My first demo',
        description = 'My demo description'
    )
```

这样就完成了 HTML 测试报告的整合了。下面对代码进行分析。

首先，import HTMLTestRunner 这个语句比较容易理解，即在调用模块之前需要导入 HTMLTestRunner。而这个模块就是之前已经下载好并放入同级目录的 HTMLTestRunner。然后，我们会看到如下代码。

```
report_file = file('demo.html', 'wb')
```

它的含义是创建一个 HTML 文件并命名为 demo.html，wb 则表示以二进制的方式写入。

以下代码是使用 HTMLTestRunner 创建测试报告最核心、最关键的部分。

```
runner = HTMLTestRunner.HTMLTestRunner(
    stream = report_file,
    title='My first demo',
    description='My demo description'
)
```

这里实例化了 HTMLTestRunner 模块下的 HTMLTestRunner 类。在实例化此类时，通常传入的参数是 stream、title 及 description。第一个参数 stream 是文件流，此处只需要传入之前创建好的 report_file 文件对象即可；第二个参数 title 是报告的标题，用户可以设置任何自己想要的标题；第三个参数 description 是为报告写下的简单描述。

最后，调用 runner 对象的 run 方法并传入先前创建好的测试集对象。代码如下。

```
runner.run(data_driven_suite())
```

把 data_driven_suite 这个函数所返回的测试集对象传入 runner.run 方法中，这样就完成了一张精美的 HTML 测试报告。下面给出完整的代码。

```
import unittest
from selenium import webdriver

class BookFlight(unittest.TestCase):
    def __init__(self,username,password):
        unittest.TestCase.__init__(self, methodName='test_login')
        self.username = username
        self.password = password

    def setUp(self):
        self.driver = webdriver.Firefox()

    def test_login(self):
        driver = self.driver
        driver.get("Mercury Tours 登录页面")
        assert "Mercury Tours" in driver.title
        username_edit = driver.find_element_by_name("userName")
        password_edit = driver.find_element_by_name("password")
        login_button = driver.find_element_by_name("login")
        username_edit.send_keys(self.username)
        password_edit.send_keys(self.password)
        login_button.click()
        assert "Find a Flight" in driver.title, "\n==>
         username:{0}\n==> password:{1}". \
         format(self.username,self.password)

    def tearDown(self):
        self.driver.close()


if __name__ == "__main__":
    def data_driven_suite():
        data_repositories = [
        {'usr':'mercury','pwd':'mercury'},
        {'usr':'mercury1','pwd':'mercury'},
        {'usr':'mercury2','pwd':'mercury'},
```

```
        ]

    tests = []
    for data in data_repositories:
        tests.append(BookFlight(data['usr'],data['pwd']))
    return unittest.TestSuite(tests)


import HTMLTestRunner

report_file = file('demo.html', 'wb')
runner = HTMLTestRunner.HTMLTestRunner(
    stream=report_file,
    title='My first demo',
    description='My demo description'
    )


runner.run(data_driven_suite())
```

生成的 HTML 测试报告如图 1.18 所示。

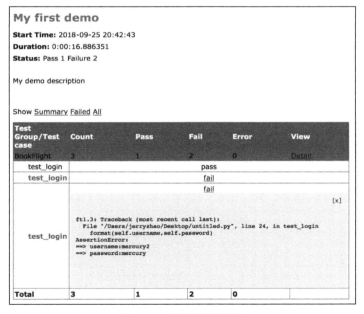

图 1.18　完美的测试报告

从图 1.18 中可以看出，就像我们预期的那样，一共有 3 组数据，只有一组通过（pass）测试，另外两组都失败（fail）了。

关于测试报告中的各个关键元素，说明如下：标题是 My first demo；Start Time 是脚本运行的开始时间；Duration 是测试执行的持续时间；Status 是脚本运行结果的总状态，即多少个用例成功，多少个用例失败。

这里还有一个过滤功能，用户既可以查看所有用例的执行结果，也可以只查看局部用例，如那些运行失败的用例。

1.3 本章小结

本章开篇引用了一个经典的实例，是为了让读者可以更快上手 Selenium，快速了解它的精华内容。如果能掌握这一章的内容，就可以编写一些简单的自动化测试脚本了。尤其是对于那些要借助数据驱动的自动化测试用例，完全可以套用本章的模板，非常有效。

第 2 章 关键识别技术及常见控件的使用

在写界面的功能自动化测试脚本时，90%的时间花在和界面中的各种对象交互上，了解界面中的对象后，我们就可以在测试脚本中使用指令来测试这些对象。

在《精通 QTP——自动化测试技术领航》一书中，我们用了非常大的篇幅来帮助读者理解和掌握对象识别的原理和技术，在本书中，这一部分仍然是重中之重。

2.1 自动化测试的核心——对象识别

2.1.1 如何快速抓取页面上的元素属性

在第 1 章中有一个技术点，我们只是对其介绍了一下，没有加以解释，它就是现在要讲的——如何获取页面中的元素属性。本节会讲解如何快速查找页面中的对象属性的内容。仍然以飞机订票网站为例，浏览器使用 Chrome，具体实现步骤如下。

（1）启动 Chrome，打开飞机订票页面。

（2）将光标定位到 UserName 文本框，右击弹出上下文菜单，如图 2.1 所示。

（3）选择 Inspect 命令后，Chrome 会自动定位到此对象所在的元素位置，如图 2.2 所示。

当选择 Inspect 命令后，Chrome 浏览器会自动打开开发者工具窗口。窗口顶部其实有很多标签页，当前选中的标签页为 Elements，在这个标签页下会显示整个页面所包含的所有元素。用户单击某个对象元素后，Chrome 就会自动定位到这个对象所在的代码行。下面就是 Chrome 定位对象的代码。

```
<input type="text" name="UserName" size="10">
```

这样我们就成功获取到了对象的类型"text"、对象的名称"UserName"，以及该对象的尺寸"10"。同样地，我们可以很轻松地定位到其他任何想要寻找的对象。问题来了，既然已经获取到了对象的 XPath，我们如何确保 XPath 是正确的呢？总不能每次运行测试脚本，发现 XPath 出错以后改一次，接着又出错，继续改。如果测试脚本很长，这样调试代码的过程将会非常痛苦，所以需要在运行脚本之前确保 XPath 是正确的。Chrome 浏览器自带了一个功能，可以帮助用户快速验证 XPath 是否正确。具体方法如下。

图 2.1　右击 UserName 文本框弹出的上下文菜单

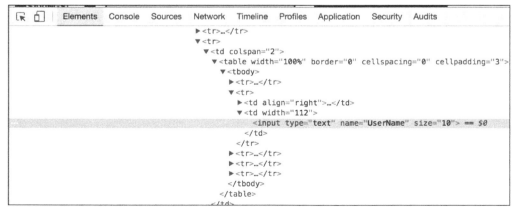

图 2.2　自动定位到对象所在的元素位置

方法一：在 Elements 标签页中按 Ctrl + F 组合键进行查找。

在 Elements 标签页中按 Ctrl + F 组合键，你会发现在页面底部新增了一个文本框，并且显示"Find by string，selector，or XPath"（见图 2.3），意思就是这个文本框支持直接用字符串搜索验证、XPath 搜索验证及 CSS 选择器搜索验证。

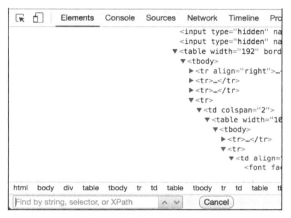

图 2.3　搜索验证文本框

输入正确的 XPath 后，Chrome 会自动定位到对应的元素。

当输入完 XPath 并按 Enter 键后，如果看到图 2.4 所示的灰色匹配条，说明 XPath 验证通过了；反之，如果页面没有任何动作，也没有看到匹配条，表明写入的 XPath 在页面中没有找到任何成功匹配的元素。

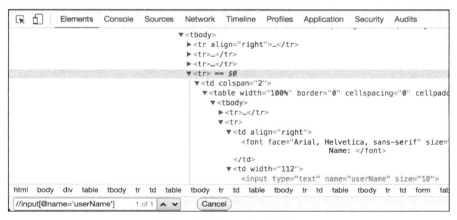

图 2.4　验证 XPath 是否正确

方法二：在 Console 标签页中输入$x("<写入 XPath>")。

首先，需要切换到 Console 标签页。然后，输入一个美元符加上一个 x。接着，写入 XPath 并按 Enter 键，如图 2.5 所示。

如果验证通过，Console 就会返回对应的元素。如图 2.5 所示，我们可以看到 Console 返回了一个 input 元素。如果展开 input，并把鼠标指针放到其上面，则页面中对应的元素会自动高亮显示，从而二次检查对象是否验证通过。图 2.6 即为鼠标指针悬浮在返回的 input 文本上时，对象高亮显示的效果。

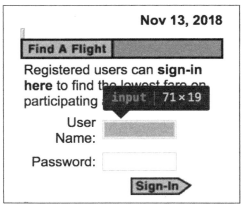

图 2.5　在 Console 标签页中验证 XPath　　　　图 2.6　对象高亮显示的效果

假设输入的 XPath 不正确，那么 Console 就会返回空，代表在当前页面中找不到对应的元素，如图 2.7 所示。

这一节的内容相对基础，但是对于新手来说，其重要性远胜过后面的章节，它是对象识别的基础。如果读者对这一节的内容还不是很熟练，需要反复练习，然后继续后续章节的学习，因为后续的章节不再讲解有关 XPath 验证的内容了，有

> $x("//input[@name='userNam']")
< ▶ []

图 2.7　在 Console 中未找到对应元素

关 XPath 的表达式需要读者自行验证。当然，如果有兴趣，读者可以通过网络平台的一些教程深入学习和理解一下 XPath，这对后续学习会有很大帮助。

2.1.2　学会如何高效地使用 XPath 定位对象

这一节介绍如何利用 XPath 查找定位器。不过，在此之前，先简单介绍一下什么是定位器。一些读者可能会对这个词比较陌生，举一个简单的例子，当我们需要自动化测试一个登录操作时，先要确定哪些对象是需要自动化测试的。通常的做法是，先通过各种途径获取到对应的 UserName 文本框、Password 文本框及 Login 按钮这 3 个测试对象，当确保已经能够成功识别到这些对象后，即可"随意"操作这些对象。而定位器就是查找及定位这些测试对象的途径（或者方式），并以表达式的方式呈现出来。如果需要查找 id

为 UserName 的元素，那么 id=UserName 即为一种以 id 方式查找的定位器，若使用 XPath 来查找，那么定位器即为 XPath=XXX。通俗地讲，定位器可以告诉 Selenium 哪些测试对象是需要自动化测试的。

相信读者已经了解了什么是定位器，下面就来讲解如何高效地使用 XPath 定位测试对象，注意此处的"高效"两字。一些读者刚开始学习 XPath 时，非常喜欢使用浏览器自带的 Copy XPath。的确，Copy XPath 用起来很方便，浏览器自动生成 XPath，不用自己一个个按照 HTML 的源码手动编写这些 XPath，但是很多情况下，浏览器自带的 Copy XPath 的定位结果是一堆索引，就像下面这样。

```
/html/body/div/table/tbody/tr/td[2]/table/tbody/tr[4]/td/table/tbody/tr/td[2]/table/
tbody/tr[2]/td[3]/form/table/tbody/tr[4]/td/table/tbody/tr[2]/td[2]/input
```

虽然这样的 XPath 可以成功识别对象，也可以在识别对象后操作对象，但是假设开发人员变更了表达式中的某些索引，之前获取的 XPath 是不是就失效了？有些读者会说没关系，若失效了，就重新通过 Copy XPath 获取一个最新的 XPath。但是，这还只是一个 XPath，当脚本数量很庞大时，XPath 定位器的数量也随之不断增加，在这样的情况下，如果仍然坚持每次都重新使用 Copy XPath 的方式几十遍或几百遍地更新对象库，那真是太累了。在这种情况下，其实完全可以将事情简单化，找能够唯一识别的关键字，如 id，因为开发人员很少会去更改 id 这个属性，它是一个控件的唯一标识。也可以选择控件的 name 属性来作为标识，只要 name 不变，即使控件的位置发生改变，也可以找到指定的控件。有些时候，如果某一个属性值的部分内容是变化的，则可以使用 contains 方式来识别对象。当然，一些控件既没有 id 也没有 name，这类情况只能考虑相邻位置定位（后续的内容会讲到），或者使用索引，但是使用索引对于后期的脚本维护不是一个很好的选择，最好的方法是让开发人员加上对应的 id 或者通过修改程序来使对象可以被唯一识别。

下面看几个 XPath 的实例。先来看一下简单的登录操作的 HTML 源代码。

```html
<table>
  <tr>
    <td colspan="2">
      <font size="2">Registered
      users can <b>sign-in here</b> to find the lowest fare on participating airlines.
      </font>
    </td>
  </tr>
  <tr>
    <td align="right">
      <font size="2">User Name: </font>
    </td>
    <td width="112">
```

```html
        <input type="text" name="userName" size="10">
      </td>
    </tr>
    <tr>
      <td align="right">
        <font size="2">Password:</font>
      </td>
      <td width="112">
        <input type="password" name="Password" size="10">
      </td>
    </tr>
    <tr>
      <td align="right"> </td>
      <td width="112">
        <div align="center">
          <input type="image" name="login" value="Login" src="/images/XXX" width="
            58" height="17" alt="Sign-In" border="0">
        </div>
      </td>
    </tr>
    <tr>
      <td colspan="2"><img src="/images/spacer.gif" width="1" height="2"></td>
    </tr>
  </table>
```

以上这段 HTML 源码来自飞机订票网站首页的登录模块，其中稍做了修改。这段 HTML 代码中有一个 table 元素，并且这个 table 元素包含 5 行内容，但对于登录操作测试来说，我们需要的只是 UserName 文本框、Password 文本框及 Login 按钮，所以我们把这 3 个对象单独取出来并分析。

```html
<input type="text" name="UserName" size="10">
<input type="password" name="Password" size="10">
<input type="image" name="login" value="Login" src="/images/XXX" alt="Sign-In" border="0">
```

上面这段代码一共取出 3 个控件，第一个是 UserName 文本框，第二个是 Password 文本框，第三个是 Login 按钮。要使用 XPath 来定位这些对象是很简单的，基本上就是下面这个样子。

- 定位 UserName 文本框的 XPath：//input[@name='userName']。
- 定位 Password 文本框的 XPath：//input[@name='Password']。
- 定位 Login 按钮的 XPath：//input[@name='Login']。

作为最基本的 XPath 表达式，它们看上去还是非常简单的。这里的"//"表示相对路径，代表直接查找 input 标签。但是，有些时候程序中的对象不是固定的，例如，id 可能会是一个动态的值，或者根本就没有 id 和 name 属性。下面列举了几个常见的问题。

1. 查找的 id 或者 name 属性是动态的值

把以上 UserName 文本框的 HTML 代码修改成如下形式。

```
<input type="text" name="UserName-9527" size="10">
```

相信有一定项目经验的读者一定遇到过这类控件，name 为类似 UserName-XXX 这样的形式，其中 XXX 为一个动态生成的值。如果我们直接使用之前的方式来定位此对象，脚本在下次打开页面时会重新生成一个动态值，这样就无法识别到此对象了。

解决方法是包含匹配法——使用 contains 方法抓取不变的字符串。给出定位此对象的 XPath——//input[contains(@name,'userName')]。

处理这种情况只需要加上 contains 方法。此方法的第一个参数为属性名，第二个参数为包含的关键字。这样写的好处就是，无论 UserName 之后的 XXX 怎么变动，都不会影响最终成功识别到这个对象。

> **提示**
>
> 有些时候，使用 contains 也会出现比较尴尬的情况。如果使用了 contains 后页面上存在两个同样关键字的对象，那么就要考虑重新选取关键字或者通过其他方式来解决。这个只能在遇到问题后具体原因具体分析。

2. 查找既没有 id 也没有 name 但有参照物的对象

先分析下面的这段代码。

```
<td align="right">
    UserName:
</td>
<td width="112">
    <input type="text"/>
</td>
```

这里需要定位的对象为一个文本框。

```
<input type="text"/>
```

一定有读者会认为这非常简单，直接用//input[@type='text']就可以了。的确可以这样来定位这个对象，但是这样的 XPath 是非常不利于脚本维护的。此文本框没有 id，没有 name，只有一个 type。也就是说，假设页面上有第二个 text，那么对象肯定是会无法识别的。解决方法是使用参照物定位法。

其实如果在浏览器中显示以上代码，UserName 文本框与此文本框其实是在同一行的。也就是说，此文本框就代表 UserName 文本框，因此我们要做的就是先想办法定位 UserName 这个关键字对象，随后再相对于 UserName 定位那个既没有 id 又没有 name 的文本框对象。

下面给出定位此对象的 XPath。

```
//td[text()='UserName:']/following-sibling::td/input
```

首先，通过 text()=UserName 获取到第一个 td 节点。然后，你会看到 following-sibling::td，它的意思是取得当前节点后面的 td 节点，以节点的标签名 td 结尾。最后，跟上/input 即可轻松获取到那个既没有 id 又没有 name 的文本框。

提示

实际上，除了 following-sibling 之外，还有一个具有类似功能的方法——preceding-sibling。两者的作用几乎是一样的，只是 following-sibling 向后搜索，而 preceding-sibling 正好相反，往前搜索。无论采用哪个方法，都别忘记加上两个冒号。

3. 查找第一个或者最后一个元素

```
<div>
  <label>XXX</label>
  <label>YYY</label>
  <label>ZZZ</label>
</div>
```

当我们需要处理一些动态数据时，某些情况下会需要获取最新的一条数据或者最早生成的数据。假设在上面这段代码片中，label 的内容都是动态的，而我们需要获取最新一条 XXX 的元素，应该怎么做呢？这个比较简单，只需要使用索引并将其设置为 1 即可。当然，很多时候我们也需要取得最后一条记录的数据。讲到这里，相信一些读者应该有些经验，作者也见过很多人是这样做的：首先通过//div/label 这个 XPath 获取所有 label 对象，并返回 label 对象的个数，最后通过索引的方式来获取。这个方法其实很正确，但很烦琐，它需要通过两个步骤才能实现。

（1）写一个 XPath 获取所有对象并通过代码获取所有个数。

（2）写一个 XPath，并把索引传入获取对象。

那么，有没有更好的方法呢？其实有一个更好的办法，只需要一步即可轻松实现，并且这个办法在 XPath 这一层就可以返回我们需要的对象。做法很简单，也不复杂，只需要使用 XPath 中的 last()函数。last()函数会自动返回最后一个索引对应的元素，这样利用 last()函数就可以直接获取最后一个元素，既稳定又简单，大大降低了代码量，减少了实现步骤。

解决方法是序列定位法——利用 index 或 last()函数来定位。

下面给出第一个标签 XXX 的 XPath。

```
//div/lable[1]
```

这行语句的意思是要获取的第一个元素的索引就从 1 开始，切记不是从 0 开始！

下面给出最后一个标签 ZZZ 的 XPath 的获取语句。

```
//div/label[last()]
```

直接把 last() 函数放到索引的位置，last() 返回的就是一个最后位置的索引。

2.1.3 CSS 选择器——另一种不得不学的定位方式

看到本节的标题，读者一定会问：既然学会了 XPath 而且 XPath 也挺好用，为什么要学习 CSS 选择器呢？因为作者希望读者能够在掌握了 CSS 选择器，对两者有一个整体认识后，再讨论它们的优缺点。

与 XPath 类似，CSS 选择器其实也是一种查找界面上元素的方式。下面来看一下之前用 XPath 的实例现在用 CSS 选择器是如何实现的。

```
<input type="text" name="UserName" size="10">
<input type="password" name="Password" size="10">
<input type="image" name="Login" value="Login" src="/images/XXX" alt="Sign-In"
  border="0">
```

使用 CSS 选择器获取以上 3 个元素的方式如下。

- 定位 UserName 文本框的 CSS：input[name=UserName]。
- 定位 Password 文本框的 CSS：input[name=Password]。
- 定位 Login 按钮的 CSS：input[name=Login]。

从以上 3 个 CSS 的定位器可以看到，两者还是有一定相似度的，但 CSS 选择器在可读性上比 XPath 表达式好很多，没有了双斜杠，没有了"@"符号，整体看上去语句非常简洁。再来看一下以下 3 个常见问题用 CSS 选择器如何处理，为了能让读者更清晰地了解两者的不同，此处我们列出与之前完全一样的 HTML 实例代码。

1. 动态 id 问题的处理

实现语句如下。

```
<input type="text" name="UserName-9527" size="10">
```

解决方法是子字符串匹配法——利用"*="自动匹配子字符串。

给出定位此对象的 CSS 选择器。

```
input[name*=UserName]
```

"*="是相当简洁的表述方式，推荐使用 CSS 选择器处理匹配字符串的方式。这样识别字符串既简单又快速，而使用 XPath 处理"包含"问题时，需要在语句中加入 contains 方法，加入各种括号、逗号、引号。

> **提示**
>
> CSS 选择器的字符串匹配方式一共有 3 种，除了使用最多的"*="子字符串匹配之外，CSS 选择器还支持前缀匹配与后缀匹配的识别方式，前缀匹配需要使用"^=",后缀匹配需要使用"$="。
>
> 前缀匹配：input[name^=<需要匹配的前缀部分>]。
>
> 后缀匹配：input[name$=<需要匹配的后缀部分>]。

2. 参照定位法

我们需要定位<input type="text">这个文本框，实现语句如下。

```
<td align="right">
    UserName:
</td>
<td width="112">
    <input type="text"/>
</td>
```

解决方法：相对定位法——使用参照物定位法处理。

下面给出定位此对象的 CSS 选择器。

```
td:contains('UserName') + td > input
```

contains 表示节点的文本内容包含了 UserName 字符串，如果用 XPath 来表示就是 contains(text(),"UserName")；随后你会看到一个"+"，然后紧跟着 td 标签；在 CSS 选择器中，"+ tagname"表示位于当前节点之后的 a 标签；符号">"代表其子节点。

那么这个语句的含义就是先查找节点文本为 UserName 的 td 标签，接着查找此标签紧挨着的 td 标签下的子元素 input 标签。其整体思路与 XPath 表达式获取的思路一致，但是 CSS 选择器的写法更简洁一些，特别是 CSS 中"+"这个功能，它比 XPath 中实现同样功能的 following-sibling 好记很多。

3. 查找最先和最后定位法

实现语句如下。

```
<div>
  <label>XXX</label>
  <label>YYY</label>
  <label>ZZZ</label>
</div>
```

解决方法：最先和最后定位法——利用 first-child 或 last-child 函数来定位。

下面给出第一个标签 XXX 的 CSS 选择器。

```
div > lable: nth-child(1)
```

此处与 XPath 一样，可以通过索引的方式读取某个标签，但是作者感觉还是用 XPath 表达式中括号的可读性更高，也更容易识记。

下面给出最后一个标签 ZZZ 的 CSS 选择器。

```
div > label:last-child
```

与 XPath 一样，CSS 选择器同样包含一个方法，可以用于直接获取最后一个元素，这个方法就是 last-child 方法。

提示

> CSS 选择器除了用 last-child 获取最后一个元素外，还可以使用一个 first-child 方法，顾名思义，后一个方法用于获取第一个元素，其作用等价于 nth-child(1)，但是推荐用 nth-child(1)这样的写法，感觉更直观。

2.1.4　XPath 与 CSS 选择器的对比

XPath 与 CSS 选择器孰优孰劣一直是 Selenium 社区中讨论较激烈的话题之一，CSS 选择器的热衷者们认为其可读性高、速度快；而 XPath 的热衷者们则认为，它可以随意穿越整个页面上的任意元素（即穿越识别模式），而 CSS 选择器却做不到。

提示

> 此处有必要解释一下什么是"穿越识别模式"，通常在编写 XPath 或者 CSS 选择器的定位器时会使用两种策略：第一种策略是直接通过类似 id 或者 name 的控件属性进行唯一识别，如 input[name=UserName]；第二种策略就是用"穿越识别模式"，通俗地讲就是从父对象到子对象一层一层识别，如//div/div[1]/input。

虽然不推荐使用这类方式来进行对象识别，但是有些时候不得不使用，例如，采用相对定位法处理没有 id 和 name 的对象的例子就是特例。

接下来通过对比，巩固上面所学的知识。

实验一：基本网页且嵌套层数不多

每年 Selenium 大会的组织者及 Selenium 项目组成员之一的 Dave Haeffner 会在他的技术博客上详细比较 CSS 选择器与 XPath 在不同浏览器上的表现。在其中一篇文章中，他尝试比较了 CSS 选择器与 XPath 在不同浏览器上的运行时间，在测试过程中运行两套脚本：第一套脚本只是简单地通过 id 和 class 查找元素；第二套脚本采用自顶向下穿越嵌套元素的方式查找元素。通俗一点讲，第一套脚本是直接通过 id 与 class 属性查找元素的，第二套脚本是一层一层地往下查找元素的；其中每一套脚本都会尝试利用 CSS 选择器与 XPath 这两种不同的识别方式进行对比。下面是最终的脚本执行结果。

通过 id 与 class 查找元素的脚本执行结果如下。

```
Browser | CSS | XPath
Internet Explorer 8 | 23 seconds | 22 seconds
Chrome 31 | 17 seconds | 16 seconds
Firefox 26 | 22 seconds | 22 seconds
Opera 12 | 17 seconds | 20 seconds
Safari 5 | 18 seconds | 18 seconds
```

通过穿越元素的方式查找元素的脚本执行结果如下。

```
Browser | CSS | XPath
Internet Explorer 8 | not supported | 29 seconds
Chrome 31 | 24 seconds | 26 seconds
Firefox 26 | 27 seconds | 27 seconds
Opera 12 | 25 seconds | 25 seconds
Safari 5 | 23 seconds | 22 seconds
```

从以上数据可以看到，不管是通过 id 与 class 查找元素还是通过穿越元素的方式查找元素，XPath 与 CSS 选择器在性能上没有明显差距。当然，以上只是一个最基本的实验，这个实验所测试的只是一个基本网页。对于部分真实 Web 项目来说，HTML 的嵌套深度要远远大于这个基本网页，那么我们再来看一下后面的实验。

实验二：大型网页且深层嵌套

紧接着 Dave Haeffner 又做了第二个实验，这次的实验更贴近多数实际项目，Dave Haeffner 测试中用了各种不同组合类型的识别方式，并对比了 CSS 选择器与 XPath 在各类浏览器上的表现。图 2.8 是其最终的对比结果。

	Cr 32	Cr 32	FF 26	FF 26	IE 08	IE 08	IE 09	IE 09	IE 10	IE 10	Op 12	Op 12
	CSS	XPath	CSS	XPath	CSS	XPath	CSS	XPath	CSS	XPath	CSS	XPath
nested_sibling_traversal	1.995	2.803	1.188	1.563	0.000	6.594	3.896	3.425	4.005	3.121	2.441	2.363
nested_sibling_traversal_by_class	1.671	2.033	1.109	1.828	9.328	65.828	3.946	16.193	3.987	9.309	2.228	3.991
table_header_id_and_class	1.740	1.715	1.156	1.219	9.594	5.750	4.587	5.328	3.440	3.041	2.382	2.214
table_header_id_class_and_direct_desc	1.853	1.914	1.234	1.219	9.109	6.016	5.858	4.306	2.990	2.083	2.172	2.060
table_header_traversing	1.853	1.884	1.250	1.297	0.000	6.781	5.969	4.687	3.335	2.173	2.005	2.150
table_header_traversing_and_direct_desc	1.838	2.051	1.188	1.563	0.000	5.609	5.939	4.136	2.884	2.183	2.236	3.706
table_cell_id_and_class	2.190	2.240	1.031	1.422	9.125	6.609	6.419	4.446	3.004	2.143	3.654	3.925
table_cell_id_class_and_direct_desc	2.106	2.325	1.172	1.281	9.391	6.734	8.783	6.910	3.385	2.333	2.965	2.476
table_cell_traversing	1.941	3.047	1.125	1.469	0.000	38.922	7.140	14.611	3.094	4.707	2.717	3.132
table_cell_traversing_and_direct_desc	2.172	2.031	1.328	1.266	0.000	11.391	13.640	10.796	3.695	3.495	2.502	2.520

图 2.8　CSS 选择器与 XPath 的对比结果

图 2.8 虽然给出了一连串数字，但要一个个对其进行对比估计很困难，因此，Dave Haeffner 把这些数据导入 Excel 中，并以更加直观的图表方式进行了展示。生成图表后，

针对各个不同浏览器的对比结果，如图 2.9～图 2.12 所示。

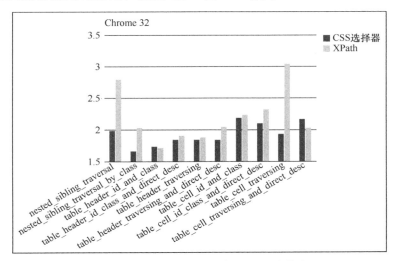

图 2.9 CSS 选择器和 XPath 在 Chrome 上的表现

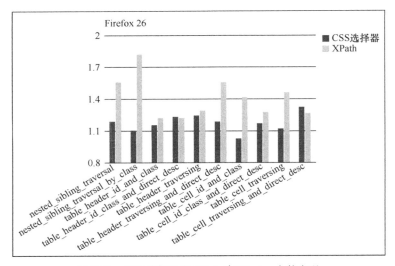

图 2.10 CSS 选择器和 XPath 在 Firefox 上的表现

Dave Haeffner 给出的结论如下。

（1）XPath 可以在网页中从上往下穿越查找（从父对象到子对象），也可以从下往上穿越查找（从子对象到父对象），而 CSS 选择器仅支持向下穿越查找。

（2）在对两大主流浏览器 Chrome 与 Firefox 进行对比后发现，两者性能差距不大，CSS 选择器的速度稍快。在页面内容丰富、嵌套层次有一定深度的情况下，CSS 选择器的速度更快。

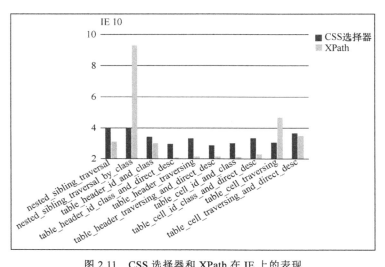

图 2.11　CSS 选择器和 XPath 在 IE 上的表现

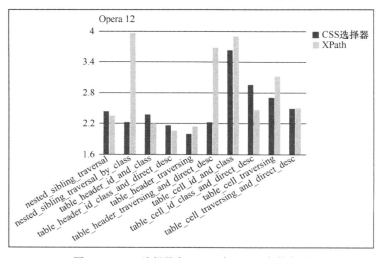

图 2.12　CSS 选择器和 XPath 在 Opera 上的表现

（3）在 IE 浏览器上，XPath 总体上会比 CSS 选择器速度快一些。

（4）当需要穿越嵌套节点或者处理表格时，XPath 会相对比较慢。

> **提示**
>
> 以上两个实验都出自 Dave Haeffner 的 Elemental Selenium。

那么，究竟是选择 CSS 选择器还是 XPath 呢？以下是作者的建议。

建议一

在两者中选择用哪一个是一个非常困难的决定，以作者的经验来看，当自动化项目只支持 IE 浏览器时，建议使用 XPath 作为查找方式，因为它在各 IE 浏览器版本上的表现还是非常出众的；在非 IE 浏览器的情况下，建议使用 CSS 选择器代替 XPath 来作为对象查找方式。

建议二

假设项目中的主要元素都包含 id 和 class 属性，无论使用哪一种查找方式，尽量使用 id 进行查找，并避免使用穿越方式获取对象。首先，从性能上来说，用 id 查找的方式会快很多。其次，id 方式会比穿越方式更加稳定，通常开发工程师不会改动 id，但是他们会经常改动元素的层级和位置，这样经常导致穿越查找方式失效。最后，无论用 XPath 还是 CSS 选择器，在编写效率及易读性上，通过 id 查找的方式要远高于穿越方式。

建议三

在大多数实际项目测试中，都会面对主流浏览器，如 Chrome、Firefox 和 IE 等。那么这里又可以有两种选择。

第一种情况，使用 CSS 选择器与 XPath 混合方式进行，在脚本中使用两套对象库，一套用 XPath，一套用 CSS 选择器，当脚本运行时可根据各自的优点选择使用。例如，当运行 IE 浏览器时，自动切换 XPath 对象库；当运行非 IE 浏览器时，自动切换 CSS 选择器对象库。当然，这种方式也有它的缺点，即需要维护两套不同查找方式的对象库。

第二种情况，只选用 XPath 或者 CSS 选择器其中一种查找方式，只维护一套对象库，这类情况适用于项目中的主要元素都包含了 id 与 class 的情形，原因是当两种查找方式在使用 id 时，其速度上的差距并不是非常明显，具体选择哪个还要具体情况具体分析。例如，若项目中有很多表格，那么就需要避开 XPath 选择 CSS 选择器；如果项目重心在 IE 上且很少有表格，那么最好选择 XPath。

2.1.5　FindElement 与 FindElements 各显"神通"

还记得第 1 章讲解的经典实例吗？我们当时通过 find_element_by_name 这个方法查找指定对象，但在实际项目中，find_element_by_name 并不是最常用的，真正常用的是 find_element 方法，为什么？下面先来看一下 find_element 方法与 find_element_by_name 有哪些不同。

方法 find_element_by_name 的功能参数和用法如下。

功能：通过 name 属性查找元素。

参数：所要查找的元素的 name 值。

用法：driver.find_element_by_name("UserName")。

方法 find_element 的功能参数和用法如下。

功能：通过多种方式查找元素。

参数：第一个参数 by 指定查找方式，如根据 id、name、XPath、CSS 选择器等；第二个参数针对第一个参数的查找方式给出相应的查找字符串。

用法：driver.find_element(By.ID, "UserName")。

分析

一些读者可能已经发现了，其实 find_element 方法比 find_element_by_name 更灵活，灵活在哪里？灵活在识别方式上，读者可以想象一下，假如开发人员突然把 name 属性去掉，那么在测试中也需要把 find_element_by_name 这个方法也一起替换，这样就增加了很多维护工作。相比之下，find_element 把具体的识别方式抽离出来作为一个参数，这样就可以很轻松地把识别方式及识别字符串一起抽离出来单独放在对象库中。假设开发人员把 name 去掉了，那么我们只需要把对象库中的 By.name 改成 By.XXX（其他识别方式）即可，这样就不用再修改脚本层的内容了，只需要集中关注对象库这一层的维护即可。

进一步分析

如果读者看过 Selenium 的源代码，就会发现其实所有的 find_element_by_*方法均直接调用了 find_element 方法。下面是一段示例代码。

```python
def find_element_by_id(self, id_):
    """Finds an element by id.
    :Args:
     - id_ - The id of the element to be found.
    :Usage:
        driver.find_element_by_id('foo')
    """
    return self.find_element(by=By.ID, value=id_)
```

在上面的程序中，3 个双引号里的内容是 Python 的注释，可以忽略，主要看 return 语句，所有 find_element_by_*方法内返回的都是 find_element()方法的返回值。也就是说，find_element 方法才是核心方法，其他所有的 find_element_by_*方法是在其基础上实现的。

接下来，又到了实例环节了。

1）关于 find_element 方法的实例

此处我们还使用第 1 章的经典实例，改写 find_element_by_name 方法，具体代码如下。

```python
import unittest
from selenium import webdriver
from selenium.webdriver.common.by import By

class BookFlight(unittest.TestCase):
    username_textbox = (By.NAME, "UserName")
    password_textbox = (By.CSS_SELECTOR, "input[name=password]")
    login_button = (By.XPATH, "//input[@name='login']")

    def setUp(self):
```

```
        self.driver = webdriver.Firefox()

    def test_login(self):
        driver = self.driver
        driver.get("Mercury Tours 登录页面")
        assert "Mercury Tours" in driver.title
        username_edit = driver.find_element(*self.username_textbox)
        password_edit = driver.find_element(*self.password_textbox)
        login_button = driver.find_element(*self.login_button)
        username_edit.send_keys("mercury")
        password_edit.send_keys("mercury")
        login_button.click()
        assert "Find a Flight" in driver.title

    def tearDown(self):
        self.driver.close()

if __name__ == "__main__":
    unittest.main()
```

细心的读者一定已经注意到，上面这个脚本除了替换 find_element_by_name 方法为 find_element 外，还抽离了 UserName、password 和 login 这 3 个元素的查找方式，以及查找字符串，代码如下。

```
username_textbox = (By.NAME, "UserName")
password_textbox = (By.CSS_SELECTOR, "input[name=password]")
login_button = (By.XPATH, "//input[@name='login']")
```

脚本一共使用到了 3 种不同的查找方式：第一种方式是直接通过 name 属性查找，紧跟着 name 属性值；第二种方式是通过 CSS 选择器查找，紧跟着 CSS 选择器查找字符串；第三种方式是通过 XPath 查找，紧跟着 XPath 查找字符串。那么，如何使用这 3 个抽离出来的对象呢？请看如下代码。

```
username_edit = driver.find_element(*self.username_textbox)
password_edit = driver.find_element(*self.password_textbox)
login_button = driver.find_element(*self.login_button)
```

这里只需要把每一个对象变量传入 find_element 方法即可，但是细心的读者一定又发现，每一个变量之前多了一个"*"号，为什么呢？仔细想想 find_element 有几个参数，是不是有两个参数？那么此时我们传入的只有一个参数，其实"*"号在此处的作用就是把（By.XXX，"XXX"）拆开，然后分别传入函数的两个参数中，而之前的 3 个带"*"号的参数称为"打包参数"。在实际自动化测试项目中，你会发现，这样管理测试对象是非常方便的。通常的做法是把所有的打包参数分离到一个 Locators 文件或者外部对象数据文件，一旦对象属性或者结构发生了变更，测试脚本无须任何改动，只要更改 Locators 或者外部数据对象文件的内容，就可以进行测试了。

2）关于 find_elements 方法的实例

find_elements 方法虽然没有 find_element 那么常用，但是很多时候 find_elements 可以做 find_element 无法完成的事情，如下面这段代码。

```python
import unittest
from selenium import webdriver
from selenium.webdriver.common.by import By
class BookFlight(unittest.TestCase):
    all_links = (By.TAG_NAME, "a")

    def setUp(self):
        self.driver = webdriver.Firefox()

    def test_login(self):
        driver = self.driver
        driver.get("Mercury Tours 登录页面")
        links = driver.find_elements(*self.all_links)
        print("link count is " + str(len(links)))
        for link in links:
            print("link name is " + link.text)

    def tearDown(self):
        self.driver.close()

if __name__ == "__main__":
    unittest.main()
```

这个例子的主要流程为获取登录页面上的所有链接对象，并输出所有链接个数，以及每一个链接的文本内容，find_elements 方法的参数与 find_element 一样，只是返回的是一个 WebElement 类型的列表。请看下面这行代码。

```python
links = driver.find_elements(*self.all_links)
```

下面是输出所有链接个数的代码。

```python
print("link count is " + str(len(links)))
```

len()方法可以获取列表的个数。别忘了还要把 str 转化成 int 类型。接着通过 for 循环遍历所有的 link，并调用每一个 link 对象的 text 属性，获取文本内容并输出。

```python
for link in links:
        print("link name is " + link.text)
```

关于 find_element 方法查找匹配对象后的返回信息，通常会有 3 种情况。

- 找到唯一一个对象。
- 没有找到匹配的对象。
- 找到一个以上的对象。

对于第一种情况——找到唯一一个对象，即返回唯一的一个对象；对于第二种情况——没有找到匹配的对象，方法会自动返回一个 NoSuchElementException 异常；对于第三种情况——找到一个以上的对象，也就是多个对象，find_element 只会返回第一个找到的对象，如果需要获取到所有的对象，就要使用 find_elements 方法。

关于 find_elements 方法同样也会有这 3 种情况，但两者还是有一定差别，无论是 3 种情况中的哪一种情况，find_elements 返回的都是一个列表。当找到唯一一个对象时，返回带有一个元素的列表；当没有找到时，返回一个空的列表；当找到多个对象时，返回包含所有元素的列表。

表 2-1 总结了这 3 种情况。

表 2-1　　　　　find_element 和 find_elements 方法在 3 种情况下的对比

3 种情况	find_element	find_elements
找到 0 个元素	抛出异常 NoSuchElementException 异常	返回一个空的列表
找到 1 个元素	返回找到的元素对象	返回带有一个元素的列表
找到 N 个元素	返回首个找到的元素对象	返回包含所有元素的列表

2.2　同步点——让测试脚本更稳定

2.2.1　同步点的重要性

同步点在自动化测试的过程中扮演着重要的角色。凡是阅读过《精通 QTP——自动化测试技术领航》的读者一定对同步点这个概念都不陌生，其主要作用是在脚本中特定的测试步骤之前智能化插入停顿时间或者等待时间，为什么需要这样做呢？这里简单举一个例子，假设现在有这样一个测试用例，其测试步骤和预期结果如表 2-2 所示。

表 2-2　　　　　　　　　一个测试用例的测试步骤和预期结果

序　　号	测　试　步　骤	预　期　结　果
1	打开浏览器，并跳转到某个 URL	验证 URL 正确打开
2	输入用户名和密码，单击"登录"按钮	验证登录成功

这是一个很简单的手动测试用例，但是如果作为自动化测试用例，它就没有你想象中那么简单了。因为自动化测试脚本时刻需要"同步点"的帮助，如果不设置同步点，你就会发现即使再简单的测试用例也会让我们寸步难行。想象一下，当测试脚本执行到打开 URL 这一步后，浏览器会有一个加载的动作。无论网速有多快，浏览器都会有一个

等待页面加载的时间。因为当你在浏览器的地址栏中输入 URL 时，其实这是在向对应的 URL 发送一个请求，接着浏览器需要等待服务器返回内容后才能将其内容展示到浏览器上，并形成可读的网页内容，所以这个过程中势必会有一个等待的时间。那么问题就来了，当测试脚本执行完了跳转 URL 后，测试脚本本身是不会有任何等待的，它会继续执行后续脚本中的步骤。换句话说，当页面还在加载时，测试脚本就已经执行到了输入用户名这个步骤，而此时当前页面还没有出现用户名这个元素，因此在没有同步点的帮助下，一个异常会被抛出——没有找到对应的对象。

这时，很多读者会说："在测试脚本中加一个等待时间不就可以解决了吗？比如加上等待 5s 时间。"是的，这的确是一种解决方法，也许加了 5s，这个脚本的确可以顺利通过。但不推荐这样做，这是一种极不稳定又浪费时间的做法。首先，如果在网络环境较好的情况下在 0.5s 内加载完毕，那么脚本就要额外等待 4.5s 时间，这会浪费很多时间。一个脚本可能远远不止一个 URL 跳转，一个 URL 浪费 4.5s，10 个 URL 呢？另一种情况下，如果公司的某个同事正在进行下载，网络情况会变得比较糟糕，URL 跳转过程基本上就超过 5s 了，那样测试脚本运行还会失败。正确的做法应该是，通过同步点智能地等待"最佳的"时间，即一旦页面加载完毕就结束等待。实际情况下，Selenium 会自动等待页面加载（AJAX 异步加载除外）完成才会去查找页面上的控件，测试脚本本身并不需要做任何设置。而对于类似 AJAX 这样异步加载的网页来说，Selenium 在默认情况下就无能为力了，此时就需要在脚本中设置正确的同步点来解决问题。下面介绍智能全局等待和私人订制等待。

2.2.2　智能全局等待

其实从名字上看，读者应该就能略知一二了。所谓智能，即以非固定的方式智能地等待某一个控件是否存在，全局的意思就是设置一次就能对所有对象查找生效。言下之意就是，当一个脚本设置了智能全局等待后，脚本会自动对所有对象的查找过程进行一段时间的智能等待。一旦找到了对象，就停止等待；如果在指定时间里还没有找到对象，那么会抛出异常。设置方法如下。

```
driver.implicitly_wait(10)
```

对于智能全局等待来说，设置方法很简单，程序中的 driver 对象提供了一个方法——implicitly_wait。在图 2.13 中，从源代码的注释可以了解到，implicitly_wait 方法在整个 session 里只需要设置一次即可生效，无须重复设置；此方法的参数只有一个，即 time_to_wait，单位为秒，方法的参数若是 10 就表示 10s，也就是如果在 10s 还找不到对象就抛出异常。如果将 implicitly_wait 方法放入脚本中，通常会把此方法放在在浏览器中创建的 session 对象之后，代码如下。

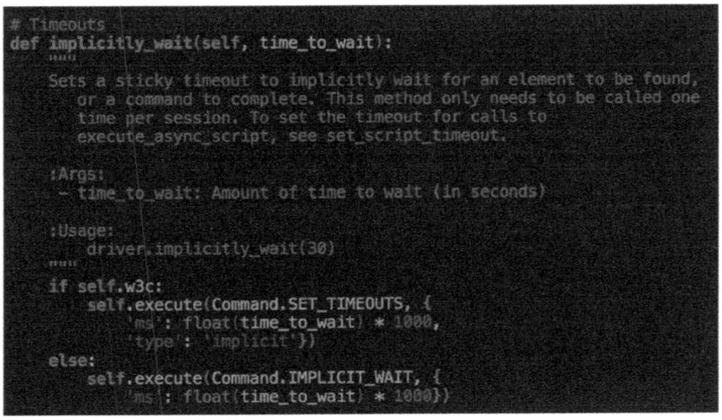

```
# Timeouts
def implicitly_wait(self, time_to_wait):
    """
    Sets a sticky timeout to implicitly wait for an element to be found,
       or a command to complete. This method only needs to be called one
       time per session. To set the timeout for calls to
       execute_async_script, see set_script_timeout.

    :Args:
     - time_to_wait: Amount of time to wait (in seconds)

    :Usage:
        driver.implicitly_wait(30)
    """
    if self.w3c:
        self.execute(Command.SET_TIMEOUTS, {
            'ms': float(time_to_wait) * 1000,
            'type': 'implicit'})
    else:
        self.execute(Command.IMPLICIT_WAIT, {
            'ms': float(time_to_wait) * 1000})
```

图 2.13　implicitly_wait 的源代码

```
from selenium import webdriver
from selenium.webdriver.common.by import By
driver = webdriver.Firefox()
driver.get("Mercury Tours 登录页面")
driver.implicitly_wait(20)
username_textbox = driver.find_element(By.NAME, "UserName")
password_textbox = driver.find_element(By.NAME, "password")
login_button = driver.find_element(By.NAME, "login")
username_textbox.send_keys("mercury")
password_textbox.send_keys("mercury")
login_button.click()
```

在上述脚本中，driver.implicitly_wait(20)就是设置智能全局等待时间的语句，此处设置的时间是 20s。需要注意的是，如果没有这行代码，其默认的智能全局等待时间为 0s。另外，请读者想一下，如果没有这行代码，以上脚本会不会报错呢？

其实，在这个例子中，即使没有这行代码，脚本也不会报错，在前面讲到 Selenium 的脚本中，即使没有做任何设置，运行时也会自动等待页面跳转完成。这个飞机订票系统并没有采用 AJAX 异步的方式加载网页内容，因此，当 Selenium 等待页面加载完时，所有的控件就已经完全地显示在页面上了，也就不会出现找不到对象的问题了。所以，在上面的代码片段中，不管有没有这行代码，脚本都不会报错，但是为了安全起见，建议在测试项目中都加上这段代码，这样无论对应的项目是否采用 AJAX，测试脚本都不会因为同步点的问题而出错。

2.2.3　私人订制等待

私人订制等待可以对某个指定的条件进行等待，是一种更高级的同步用法。

设置方法如下。

```
WebDriverWait(driver, <timeout>).until(<condition>)
```

可能大多数读者对上面这个类似公式一样的东西会不太理解。下面分析一下。首先，WebDriverWait 是 Python 的一个类，从以上用法中可以看出，这个类的构造器带有两个参数：一个是 driver，也就是一开始创建 Firefox 浏览器的 driver 对象；另一个是 timeout，也就是等待的超时时间。然后，我们可以看到后面跟了一个 until 函数，其参数是 condition，指的是需要等待的条件，这个条件的设置可以非常灵活，各式各样的条件都可以随意指定。不过在揭晓其用法之前，先看一下 WebDriverWait 类的源代码，以便更加深入地了解，如图 2.14 所示。

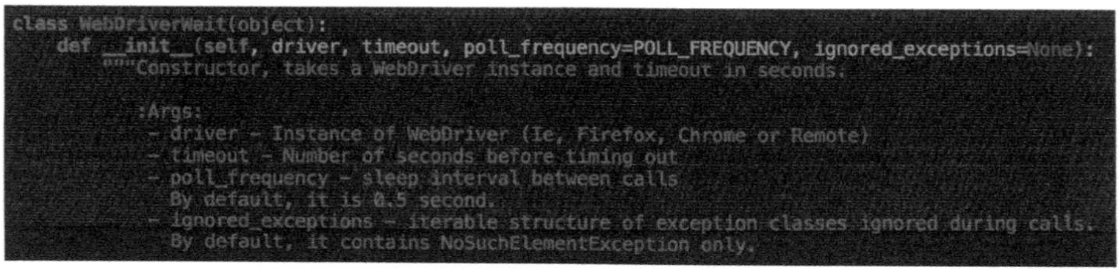

```
class WebDriverWait(object):
    def __init__(self, driver, timeout, poll_frequency=POLL_FREQUENCY, ignored_exceptions=None):
        """Constructor, takes a WebDriver instance and timeout in seconds.

           :Args:
            - driver - Instance of WebDriver (Ie, Firefox, Chrome or Remote)
            - timeout - Number of seconds before timing out
            - poll_frequency - sleep interval between calls
              By default, it is 0.5 second.
            - ignored_exceptions - iterable structure of exception classes ignored during calls.
              By default, it contains NoSuchElementException only.
```

图 2.14　WebDriverWait 类的源代码

图 2.14 是 WebDriverWait 类的构造器。原来这个类的构造器的参数不止两个，它一共有 4 个参数，只是另外两个参数为可选参数。这两个参数中的第 1 个参数为 poll_frequency，它表示等待过程中多久检查一次条件是否满足，可以从注释中看到默认是 0.5s；第 2 个参数为 ignored_exceptions，意思是等待过程中的每一个检查状态都会被忽略的异常，默认这个异常只包含 NoSuchElementException 异常，意思是“找不到元素”。测试人员在实际工作中看到最多的异常应该就是它了，此处包含这个异常是为了保证在等待某个对象出现的过程中，如果出现这个异常，就会自动忽略它。当然，在实际工作中初始化 WebDriverWait 时基本上只会用到两个默认参数，至于另外两个参数，读者可以具体情况来自行判断是否需要加入或者修改。

在了解了 WebDriverWait 这个类的构造器后，接下来分析一下 WebDriverWait 类中的 until 函数，看一下它对应的 Selenium 源代码（如图 2.15 所示）。

在图 2.15 的源码中可以看到，until 函数包含 3 个参数，第 2 个参数表示一个方法，第 3 个参数是字符串 message。该函数的功能是调用传入的方法，并返回一个布尔值。如果返回值为 True，until 函数直接返回停止等待；如果返回值为 False，程序就一直执行 while 循环，直到其传入的方法返回 True 或者超时为止。这个超时的 timeout 时间即为之前创建 WebDriverWait 对象时传入的第 2 个参数，因此在代码最后一行可以看到，

until 函数一旦超时，就会跳出循环并抛出 TimeoutException 异常。了解了源代码如何实现之后，再来看一下具体如何使用私人订制等待。在使用 WebDriverWait 调用私人订制等待脚本同步时通常会有两种常用的方法。

```python
def until(self, method, message=''):
    """Calls the method provided with the driver as an argument until the \
    return value is not False."""
    screen = None
    stacktrace = None

    end_time = time.time() + self._timeout
    while True:
        try:
            value = method(self._driver)
            if value:
                return value
        except self._ignored_exceptions as exc:
            screen = getattr(exc, 'screen', None)
            stacktrace = getattr(exc, 'stacktrace', None)
        time.sleep(self._poll)
        if time.time() > end_time:
            break
    raise TimeoutException(message, screen, stacktrace)
```

图 2.15　until 函数的源代码

1. 使用自带的 Expected_Condition 模块

为了帮助读者理解，此处特地准备了一个相对简单且非常特殊的例子，建议读者实际操作，这样才能真正体会到其强大的作用。

实现步骤如下。

（1）打开浏览器，并跳转到 Mercury Tours 登录页面。

（2）脚本会一直处于等待状态，直到用户在 UserName 文本框内输入 mercury 字符串。

（3）一旦用户成功在 UserName 文本框中输入了 mercury，脚本立即停止等待。

（4）输入密码 mercury 并单击 Login 按钮。

代码实现

```python
from selenium import webdriver
from selenium.webdriver.common.by import By
from selenium.webdriver.support.ui import WebDriverWait
from selenium.webdriver.support import expected_conditions as EC
driver = webdriver.Firefox()
driver.get("Mercury Tours登录页面")
try:
    element = WebDriverWait(driver, 10).until(
        EC.text_to_be_present_in_element_value((By.NAME, 'UserName'), 'mercury')
    )
    password_textbox = driver.find_element(By.NAME,'password')
    login_button = driver.find_element(By.NAME, 'login')
    password_textbox.send_keys("mercury")
    login_button.click()
finally:
    driver.quit()
```

直接运行以上脚本，在其运行过程中，读者会看到启动浏览器并跳转到 Mercury Tours 登录页面，接着就没有动静了，整个脚本就会保持一个等待的状态。这是因为我们在脚本中加入了一行私人订制等待代码，而这行代码的作用是，一直持续等待，直到在 UserName 文本框中输入 mercury 字样才会继续执行后续的脚本。当然，前提是设置了超时时间，等待超过 10s 就会抛出超时异常。读者可以尝试运行此脚本，接着手动在 UserName 文本框中输入 mercury，从而完成整个脚本的运行。试着做一遍，看一下效果是否如上述那样，这一点可是智能全局等待完全无法做到的。

为了说明得更加清楚一些，此处特地把私人订制等待的代码单独拿出来分析。代码如下。

```
element = WebDriverWait(driver, 10).until(
    EC.text_to_be_present_in_element_value((By.NAME, 'UserName'), 'mercury')
)
```

此处的 EC 就是脚本已经导入的 Expected_Condition 模块，后面跟了很长一串的名字，其实这是该模块下的类名，从字面意思就能知道，此处用于判断一个元素的值中是否存在指定值。此类在实例化时，构造器包含了两个参数，第 1 个参数是定位器，也就是（By.NAME, 'UserName'），通过这个定位器可以找到对象；第 2 个参数是对象的值，一旦输入了这个值，等待就结束。那么怎么知道这些方法到底有几个参数呢？很简单，查看 Selenium 的 Python 文档，但是为了让读者了解得更深入，这里分析一下 Selenium 源代码的 expected_condition.py 文件。内容如图 2.16 所示。

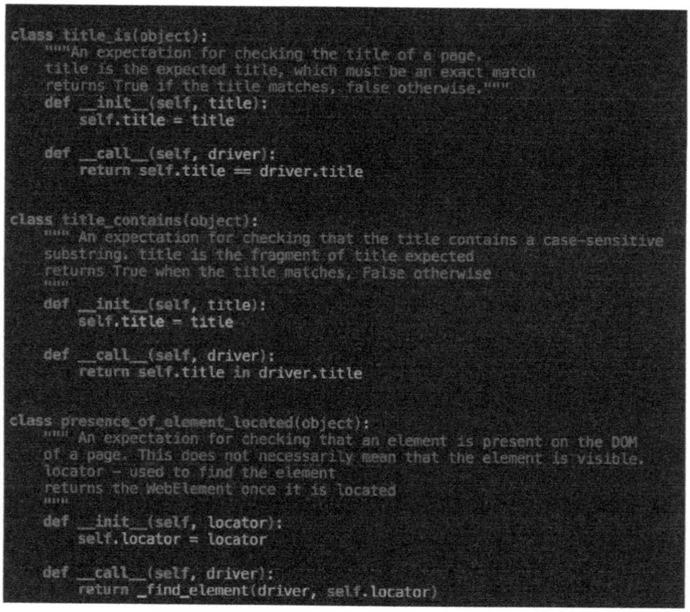

```
class title_is(object):
    """An expectation for checking the title of a page.
    title is the expected title, which must be an exact match
    returns True if the title matches, false otherwise."""
    def __init__(self, title):
        self.title = title

    def __call__(self, driver):
        return self.title == driver.title


class title_contains(object):
    """ An expectation for checking that the title contains a case-sensitive
    substring. title is the fragment of title expected
    returns True when the title matches, False otherwise
    """
    def __init__(self, title):
        self.title = title

    def __call__(self, driver):
        return self.title in driver.title


class presence_of_element_located(object):
    """ An expectation for checking that an element is present on the DOM
    of a page. This does not necessarily mean that the element is visible.
    locator - used to find the element
    returns the WebElement once it is located
    """
    def __init__(self, locator):
        self.locator = locator

    def __call__(self, driver):
        return _find_element(driver, self.locator)
```

图 2.16　expected_condition.py 文件的内容

这个 py 文件包含了许多不同的类。由于篇幅有限，我们就不一一全部列出来了，读者理解了其中一个，就能理解全部的类到底在做什么，并且会懂得如何使用它们。这里就从第一个类开始分析，这个类的构造器包含一个参数 title，这样我们就知道在使用它的时候只需要一个参数（title）。接着你会发现一个很特别的方法——__call__，它是 Python 类中的一种特殊函数，那么这个__call__又是什么意思呢？其意思就是这个类的实例本身可直接当作函数调用。还记得吗？之前提到的 until 方法中的第 1 个参数恰巧传入的是一个函数，说到这里，读者应该明白为什么之前会把一个类实例作为 until 的参数了。一旦理解了这一点，你就会知道如何使用每一个类，并将这些类应用到私人订制等待中。

title_is 的作用是一直等待，直到 title 为 title name 为止。实现代码如下。

```
element = WebDriverWait(driver, 10).until(
    EC.title_is("title name")
)
```

title_contains 的作用是一直等待，直到 title 包含 title name 为止。实现代码如下。

```
element = WebDriverWait(driver, 10).until(
    EC.title_contains("title name")
)
```

presence_of_element_located 的作用是一直等待，直到元素存在为止。实现代码如下。

```
element = WebDriverWait(driver, 10).until(
    EC.presence_of_element_located((By.NAME,"userName"))
)
```

在此，介绍这 3 个类就已经足够读者了解 py 文件如何使用了，限于篇幅，这里不再一一引出所有类，感兴趣的读者可以自行去尝试和理解。相信只要读者仔细琢磨并理解了其中原理，熟练使用整个 expected_condition.py 文件里的所有类只是时间问题。

2. 使用 lambda 函数表达式实现真正的自定义私人订制等待

相信读者已经了解怎么实现上面的方法了，但是其实这里所做的都是在调用官方源代码提供的类，从严格意义上来说，并没有真正实现私人订制等待。其实要做到这一点也不难，还记得 WebDriverWait 类下的 until 方法中需要以一个函数作为参数吗？也就是说，直接传入一个 lambda 函数表达式就可以了。下面我们直接用 lambda 函数表达式来实现上面的方法中的实例。

实例 1：实现 EC 中判断文本是否在文本框中的同步方式。

实现代码如下。

```
from selenium import webdriver
from selenium.webdriver.common.by import By
from selenium.webdriver.support.ui import WebDriverWait
driver = webdriver.Firefox()
driver.get("Mercury Tours 登录页面")
try:
    element = WebDriverWait(driver, 10).until(
        lambda x: "mercury" in x.find_element(By.NAME, "userName").get_attribute("value")
    )
    password_textbox = driver.find_element(By.NAME,'password')
    login_button = driver.find_element(By.NAME, 'login')
    password_textbox.send_keys("mercury")
    login_button.click()
finally:
    driver.quit()
```

此 lambda 函数带有一个 driver 参数，函数体内一共做了 3 件事：第一，查找属性 name 为 userName 的对象；第二，获取此对象的 value 属性值；第三，判断此 value 值是否包含了 mercury 字符串。此函数最终返回的是一个布尔类型的值，直到这个布尔类型值为 True 或者超出超时时间。这只是一个最简单的例子，读者有兴趣的话可以自己尝试一些更加复杂的函数，实际工作当中经常会需要自己订制一些等待条件来保证正确的同步过程。下面给出实例 2，在这个实例中使用 EC 是无法完成任务的。

实例 2：一直等待直到 UserName 与 password 两个文本框同时满足 value 值都为 mercury。

实现代码如下。

```
from selenium import webdriver
from selenium.webdriver.common.by import By
from selenium.webdriver.support.ui import WebDriverWait
driver = webdriver.Firefox()
driver.get("Mercury Tours 登录页面")
try:
    element = WebDriverWait(driver, 10).until(
        lambda x: "mercury" in x.find_element(By.NAME, "userName").get_attribute("value") \
        and "mercury" in x.find_element(By.NAME,"password").get_attribute("value")
    )
    login_button = driver.find_element(By.NAME, 'login')
    login_button.click()
finally:
    driver.quit()
```

要对两个元素的条件进行同步，利用自定义 lambda 表达式实现非常简单，只需要在

lambda 表达式的函数体内增加一个条件判断即可。通过这个例子，你应该能够体会，利用第二种方式可以灵活处理一些需要自定义的同步方式。

提示

　　在实际项目过程中，如果遇到同一类 lambda 表达式被反复使用的情况，读者完全可以尝试将自定义私人订制等待添加到官方源代码文件 expected_condition.py 中，从而自行扩展 EC 包中的一些自定义方法，记住正确实现 __init__ 构造器及 __call__ 方法即可，这样在最终脚本中，我们就可以在 EC 模块中调用自己扩展的自定义等待了。

2.3　项目中常用 Web 控件

　　作者在《精通 QTP——自动化测试技术领航》中花费了大量的精力构思如何讲解控件的自动化，因为这真的是一个难点。但是，我们不得不勇敢地去攻克这个学习难点，因为界面上的自动化测试整天在和控件"打交道"。无论是之前的 QTP 还是现在的 Selenium 或是未来的某个工具，我们都需要做这件事情，不同的仅仅是换了一个工具来做相同的事情罢了。

2.3.1　WebElement——WebDriver 的基层元素

　　在讲解常用 Web 控件之前，我们先来了解一个重要的 Selenium 对象，即 WebElement。在 Selenium 中，任何测试对象都会被识别成 WebElement，而这个 WebElement 就是一个 Selenium 的标准对象类。任何需要操作的对象都需要事先获取到这个类之后才可以进行操作，这就好比我们要去健身房健身，健身房里有很多项目，如跑步、瑜伽、游泳等。但是，我们都知道，健身房是需要办年卡或者月卡的，而这个会员卡就好比刚刚提到的 WebElement 对象，有了这张会员卡，我们才可以去跑步、练瑜伽、打网球等，凡是会员卡范围内的项目，我们都可以参与。同样的道理，在获得 WebElement 对象后，我们就可以对控件进行想要做的操作了，WebElement 对象提供的方法我们都可以使用。因此，了解这个对象非常重要。一旦掌握 WebElement，就基本上掌握了 70% 的控件对象，而且后续的大多数控件会围绕这个对象来进行讲解。我们先来看一下 Python 官方的源代码是怎么解释这个对象的，如图 2.17 所示。

　　WebElement 的作用及其定义如下。

```
class WebElement(object):
    """Represents a DOM element.

    Generally, all interesting operations that interact with a document will be
    performed through this interface.

    All method calls will do a freshness check to ensure that the element
    reference is still valid. This essentially determines whether or not the
    element is still attached to the DOM. If this test fails, then an
    `StaleElementReferenceException` is thrown, and all future calls to this
    instance will fail."""
```

图 2.17　WebElement 官方原版定义

官方的内容翻译过来大致就是，WebElement 代表一个 DOM 元素，所有需要与页面元素进行交互的操作都需要通过这个接口来进行，如果你觉得这句话直接翻译过来还是比较难以理解，那么我们还是用健身房的例子来解释，即如果我们想要在健身房玩各种项目，我们就必须要有健身卡这个关键"接口"。

提示

其实后面一段说明也很重要，所以这里专门解释一下。原文如下。

"All method calls will do a freshness check to ensure that the element reference is still valid. This essentially determines whether or not the element is still attached to the DOM. If this test fails, then an "StaleElementReferenceException" is thrown, and all future calls to this instance will fail."

译文如下。

"所有的方法调用都会做一个新鲜度检查以确保对象的引用仍然是正确的，从本质上说就是决定元素是否仍然依附在 DOM 中。如果验证失败，那么就会抛出一个叫作 StaleElementReferenceException 的异常，且之后所有的调用全部失效。"

虽然作者已经完整地把原文翻译了，但是读者可能还不理解，更通俗的解释如下。

当脚本在页面中通过 locator 获取到一个指定的 WebElement 对象后，可能没有立刻对这个对象进行操作，而是隔了一段时间，这个对象过期了（其实就是引用发生了变化，后续我们会提供实例说明什么是对象引用发生了变化）。此时如果再次使用这个过期的对象，即使 locator 与页面上的对象完全匹配，脚本也会抛出异常。

可能大多数读者还是不太明白，那我们再借助健身房的例子来讲解。这个例子就好比我们去健身房骑动感单车，动感单车是有一个阻力阀的，我们可以调节适合自己的阻力挡位来进行练习。假设有一天你准备健身并到健身房的动感单车房间占好了位置，选择了一辆动感单车，调节好了适合你的阻力挡位，准备开始锻炼了。在此之前大家往往会做一件事——上洗手间，毕竟后面要进行 30min 的连续单车锻炼，而就在你上洗手间的时候，有一个顽皮的孩子把你的阻力挡位调节到了最大，这下就"有趣"了。回来后，你还是选择使用原来你已经事先"占领"的单车，并且完全不知道阻力挡位已经被偷偷更改了这回事，相信第一脚踩下去时你就已经"尴尬"了。

　　开始进入正题，我们来分析一下，假设当时你没有去洗手间，调节完阻力阀后直接就骑了，那样一定没有问题，这个就好比当我们获得 WebElement 后直接对这个对象进行操作是完全没有问题的，脚本也不会抛出任何异常（因为阻力阀是你刚刚调节好的，没有人修改过）。接着，我们去洗手间，坏小孩趁机修改了我们的阻力阀，这就代表着阻力阀已经不是原来你调节的那个值了，因此自己就骑不动了。同样地，对于 WebElement 来说，某些情况会导致页面对象被修改（此处的修改并不是对象的属性被修改，而是某些时候 JavaScript 会删除页面的对象并重新生成一个新的动态 ID 相同的对象），虽然对象的 locator 完全相同，但是这个对象已经不再是原来的那个对象了。通过上述示例，相信读者应该能明白大致的意思了，在后续章节中，我们还会通过实例详细讲解，这里就不多介绍了。

　　WebElement 对象下的三大行为类型如下：
- 交互操作行为；
- 查找子元素行为；
- 对象属性检查行为。

　　1.　交互操作行为

　　这个类型是最简单的一个类型，在项目中使用的频率也是最高的。这个类型很简单，是因为它提供了一些单击、输入等操作方法，如 click、send_keys 等，后续的章节会针对不同的类型控件一一讲解相应的操作。

　　2.　查找子元素行为

　　查找子元素行为就是在当前这个对象的基础上查找其子对象。在图 2.18 所示的 WebElement 对象源代码中，可以看到各种 find_elmentXXX 对象。

　　在图 2.18 中可以看到，脚本不但支持查找单个子对象，还支持查找多个子对象。查找单个子对象直接返回另一个 WebElement 对象；而查找多个子对象返回一个含有多个 WebElement 类型的 List 对象。关于子对象的处理在本章的后续部分也会进行讲解。

　　3.　对象属性检查行为

　　例如，is_displayed、is_enabled 等表示对指定属性进行检查。当然，读者可以自己指定检查的属性，如 get_attribute 方法，可以通过指定属性名获取对应的属性值。

　　关于以上三大行为类型，本章后续部分会详细讲解，并针对不同种类的 Web 控件操作提供丰富的实例代码，让读者能够更加深入地了解控件的常用操作方式。

```
def find_element_by_link_text(self, link_text):
    """Finds element within this element's children by visible link text.

    :Args:
        - link_text - Link text string to search for.
    """
    return self.find_element(by=By.LINK_TEXT, value=link_text)

def find_elements_by_link_text(self, link_text):
    """Finds a list of elements within this element's children by visible link text.

    :Args:
        - link_text - Link text string to search for.
    """
    return self.find_elements(by=By.LINK_TEXT, value=link_text)

def find_element_by_partial_link_text(self, link_text):
    """Finds element within this element's children by partially visible link text.

    :Args:
        - link_text - Link text string to search for.
    """
    return self.find_element(by=By.PARTIAL_LINK_TEXT, value=link_text)

def find_elements_by_partial_link_text(self, link_text):
    """Finds a list of elements within this element's children by link text.

    :Args:
        - link_text - Link text string to search for.
    """
    return self.find_elements(by=By.PARTIAL_LINK_TEXT, value=link_text)
```

图 2.18　查找各种子元素的官方源代码

2.3.2　WebTextbox——针对文本框的处理

文本框操作是实际自动化测试项目中最常见的一种操作。无论是用户注册、用户登录，还是修改用户的个人信息、个人密码等，任何需要用户输入开放式内容的页面都会提供一个文本框（Textbox 元素），让用户进行填写操作，这是 Selenium 中最常用、最简单的一个控件操作。接下来我们就来看一下不同场景下文本框的操作示例。

1. 文本框的输入与清除

通常对于文本框最基本的操作就是文本框的输入，常见的场景有用户的登录操作，虽然之前的章节已经进行了演示，但我们并没有详细解释，让我们一起看一个实例。

操作步骤如下。

（1）打开浏览器，并跳转到 Mercury Tours 登录页面。

（2）输入用户名 "hello"。

（3）等待 5s。

（4）再次输入用户名 "mercury"。

测试脚本如下。

```
from selenium import webdriver
import time
driver = webdriver.Firefox()
```

```
driver.get("Mercury Tours 登录页面")

usr_textbox = driver.find_element_by_name("userName")
usr_textbox.send_keys("hello")
time.sleep(5)
usr_textbox.send_keys("mercury")
```

如果尝试运行以上测试脚本，首先会打开浏览器并跳转到 Mercury Tours 的飞机订票页面，接着在 UserName 文本框中输入"hello"，等待 5s，然后再次在这个文本框中输入"mercury"，这与我们期望的操作步骤是一致的。

运行上述脚本，结果如图 2.19 所示，可以看到，如果对一个存在内容的文本框使用 send_keys 方法输入内容，则新输入的字符串会自动拼接在已经存在的字符串的后面，而不是清除之前的内容重新输入一个值。

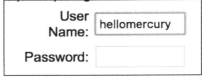

图 2.19　文本框输入

然而，很多时候为了实现不同数据的自动化测试，往往需要重新设置文本框中的内容，而不是在原有的基础上进行拼接输入，那么实现这样的功能又需要怎样操作呢？幸运的是 Selenium 为我们提供了一个现成的方法——clear。修改以上脚本以达到我们想要的效果。

```
from selenium import webdriver
import time
driver = webdriver.Firefox()
driver.get("Mercury Tours 登录页面")

usr_textbox = driver.find_element_by_name("UserName")
usr_textbox.send_keys("hello")
time.sleep(5)
usr_textbox.clear()
usr_textbox.send_keys("mercury")
```

该脚本与之前脚本唯一的不同之处就是多了一行 usr_textbox.clear()，其作用是清除文本框中的所有内容，方便我们重新输入一个值。所以，在此次执行脚本后，可以看到图 2.20 所示的结果，即 UserName 文本框中的内容只有 mercury，而不是 hellomercury。

为了能够更加清晰地了解 send_keys 方法，建议读者可以看一下 send_key 的 Python 源代码注释。

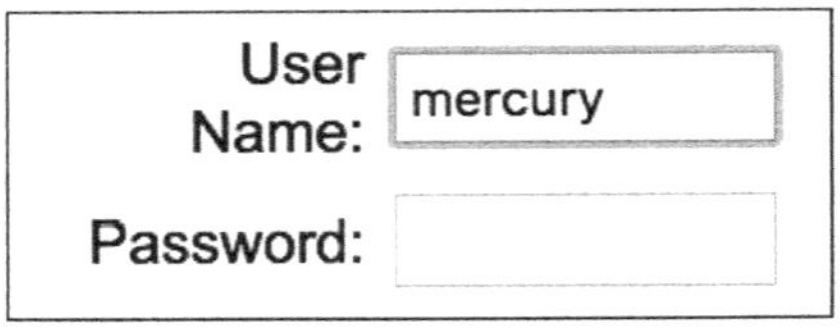

如图 2.21 所示，我们先来看注释部分，Args 部分说明了 value 参数是一个字符串，用于输入各

图 2.20　清除原有内容后再次进行输入

种 form 文本框，它甚至还包括选取文本路径输入。有兴趣的读者可以根据注释中给出的样例代码尝试。记得要多动手尝试，毕竟看懂和自己实际操作还是有区别的，千万不要

忽视这一点！接着，看一下图 2.21 的第 1 行。如果你够仔细，应该能发现 send_keys 的参数 value 前是带有 "*" 号的，有 Python 经验的读者应该对其不会陌生，其表示 value 是一个可变参数，可以容纳很多个参数，这些参数在函数内部都存放在以形参名为标识符的 tuple 中。在这个例子中，如果参数有两个，脚本就会尝试将两个参数的值一起输入文本框中，具体怎么实现可以看源代码最后一行，具体代码如下。

```
self._execute(Command.SEND_KEYS_TO_ELEMENT, {'value': keys_to_typing(value)})
```

```python
def send_keys(self, *value):
    """Simulates typing into the element.

    :Args:
        - value - A string for typing, or setting form fields.  For setting
        file inputs, this could be a local file path.

    Use this to send simple key events or to fill out form fields::

        form_textfield = driver.find_element_by_name('username')
        form_textfield.send_keys("admin")

    This can also be used to set file inputs.

    ::

        file_input = driver.find_element_by_name('profilePic')
        file_input.send_keys("path/to/profilepic.gif")
        # Generally it's better to wrap the file path in one of the methods
        # in os.path to return the actual path to support cross OS testing.
        # file_input.send_keys(os.path.abspath("path/to/profilepic.gif"))

    """
    # transfer file to another machine only if remote driver is used
    # the same behaviour as for java binding
    if self.parent._is_remote:
        local_file = self.parent.file_detector.is_local_file(*value)
        if local_file is not None:
            value = self._upload(local_file)

    self._execute(Command.SEND_KEYS_TO_ELEMENT, {'value': keys_to_typing(value)})
```

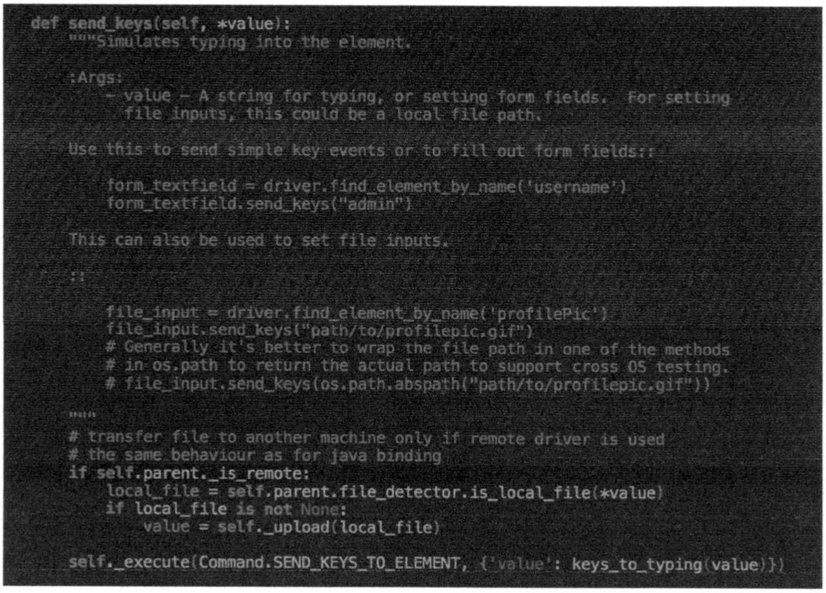

图 2.21　send_key 的源代码注释

其实 self._execute 方法是 Selenium 中一个非常核心的方法。在 Selenium 中，几乎所有需要调用的行为函数或者命令都需要调用_execute 方法，这个方法的第 1 个参数为所需要调用的命令关键字，此处为 SEND_KEYS_TO_ELEMENT。python-selenium 客户端源代码其实已经封装了所有的 command 关键字，如图 2.22 所示。

我们可以在源代码中找到这个 Command.py 文件。这个文件中列出了所有 Selenium 命令，这里的命令可以理解为在某个方法下调用的某个命令。例如，get 方法调用了 GET 这个命令，本例中的 send_keys 方法调用了 SEND_KEYS_TO_ELEMENT 这个命令。总而言之，无论调用了哪个交互式方法，在底层都会调用此类中的命令，这里所有的命令都是基于 Selenium 的 jsonWireProtocol 接口来定义的。jsonWireProtocol 可以理解为一种包含请求与响应的 WebService/Rest API，就是因为有这样的接口，Selenium 才可以支持不同的语言。因为不管采用哪种语言，客户端脚本都是通过调用 API 请求 Selenium 的 Server 来进行交互操作的。在清楚了这一点之后，我们再来看第 2 个参数，它对应的是一个 JSON 字符串，其实这就是一个代表请求要提交的对应命令需要的数据，本例中的请求数据如下。

```
{'value': keys_to_typing(value)}
```

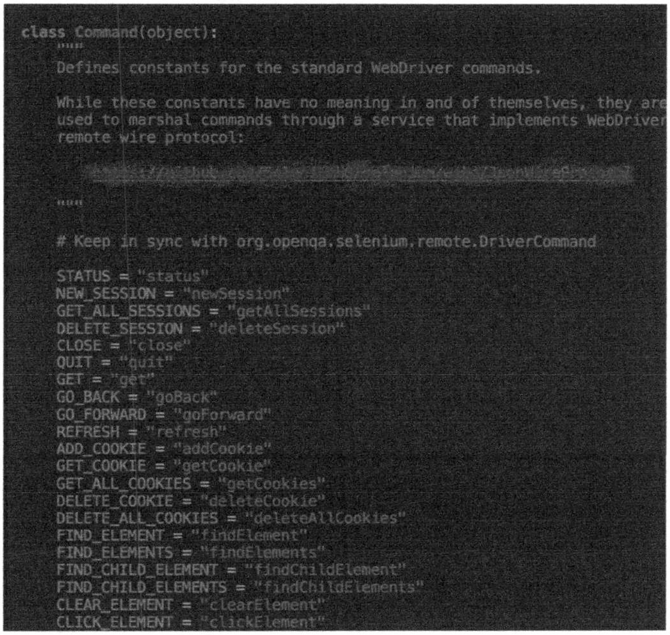

图 2.22　command 关键字

　　此处需要提交一个包含 value 属性及其值的 JSON 字符串，接着我们发现 keys_to_typing 其实是一个函数，继续深入地看下去。

　　如图 2.23 所示，这一段代码用于创建一个数组 typing，接着把 send_keys 方法传入参数 value 中的所有值全部追加到 typing 数组中，返回 typing 数组，并返回到上一层 JSON 字符串中 value 属性的值，从而提交请求，最终完成一个完整的 send_keys 操作。

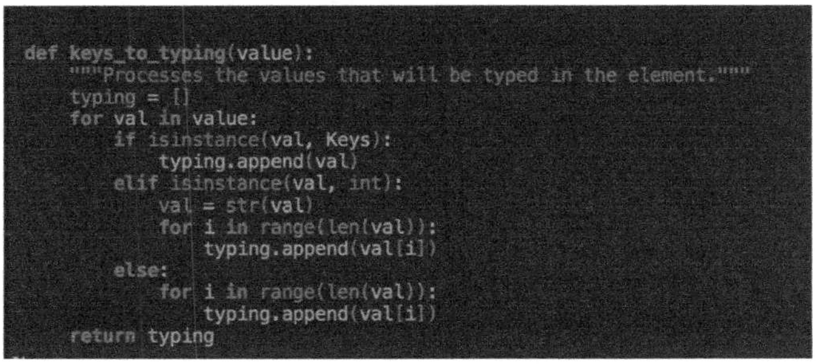

图 2.23　keys_to_typing 函数

2. 强制设置文本框内容

在上一个例子中，我们讲解了文本框的输入操作和清除操作，这类操作方式往往可以解决 90%的文本框输入操作，但是在某些情况下，并不能使用 send_keys 方法对一些特殊的文本框进行输入操作。例如，当文本框处于 disable 状态或者文本框被某些页面对象层遮挡时，如果尝试使用 send_keys 方法对文本框进行操作，脚本往往会直接返回异常。因此，在某些时候，我们需要通过强制设置文本框内容的方法来完成输入操作，脚本如下。

```python
from selenium import webdriver
import time
driver = webdriver.Firefox()
driver.get("Mercury Tours 登录页面")

usr_textbox = driver.find_element_by_name("UserName")
driver.execute_script('arguments[0].value = arguments[1]', usr_textbox, 'hello')
```

运行脚本后，同样可以看到 hello 被输入到了 UserName 文本框中，如图 2.24 所示。

其实整个脚本没有做多大改变，唯一的不同在于最后一行，这里使用了 execute_script 方法。需要注意的是，这个方法用于让测试工程师直接通过

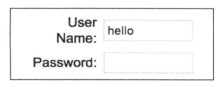

图 2.24　文本框输入

JavaScript 脚本进行自动化操作。之后的字符串中 arguments[0]和 arguments[1]分别对应的是参数 user_textbox 和'hello'，而.value 表示对象的属性值，所以最后一行代码"翻译"过来的意思就是，将 UserName 这个文本框的 value 更改为'hello'。

> **提示**
>
> 　　这类直接强制修改控件的属性值的方法与之前的 send_keys 方法是完全不同的。send_keys 方法用于在文本框已经存在内容时进行输入，会把输入的内容自动拼接到已经存在的字符串之后，而不是先清除内容后再输入；而强制修改控件属性值的方法却完全与之相反，由于此方法直接修改 value，因此每一次调用都会清除文本框中旧的内容，再输入新的内容，这是一个替换过程，而非拼接过程。

所以，如果执行下面这段代码，则最终在用户名文本框中看到的结果应该是 mercury 完全替换掉 hello。这一点希望读者能够记住。

```python
from selenium import webdriver
import time
driver = webdriver.Firefox()
driver.get("Mercury Tours 登录页面")
```

```
usr_textbox = driver.find_element_by_name("UserName")
driver.execute_script('arguments[0].value = arguments[1]', usr_textbox, 'hello')
time.sleep(3)
driver.execute_script('arguments[0].value = arguments[1]', usr_textbox, 'mercury')
```

那么，干脆每次都直接强制修改，省得每次还要多调用一次 clear 方法进行清除。的确，直接使用强制输入值能够省去调用 clear 方法的步骤，但是很多时候直接使用强制更改属性值这种方式，在提交 form 的时候会读取不到文本框的内容。另外，一些文本框是支持模糊匹配查找功能的，对于此类文本框，往往需要在输入匹配的部分字符串后在自动生成的下拉列表中选取内容。对于 UI 自动化测试来说，测试脚本应该尽可能地接近于真实用户的输入操作，应尽量避免直接修改控件的属性。

读到这里读者肯定会质疑，为什么还要讲解这个知识点呢？答案就是"经验"+"测试思维"。这类方法一般用于无法使用普通方法完成自动化测试的一些过程。例如，一些控件的属性被设置为 disable 了，而由于测试需要又必须对控件进行更改；又如，有时候需要对隐藏的控件进行操作，这些情况下可以尝试使用 JavaScript，但千万不要过于依赖 execute_script 方法。

3．检查文本框的实际值

通常，很多新手测试工程师比较容易忽略一个重要的步骤，那就是验证点，没有了验证点的自动化测试是毫无意义的。举一个最简单的例子，在自动化测试脚本完成了一个登录的操作之后，没有做任何检查就直接退出，虽然登录的这个过程是正确的，脚本也没有报任何异常，但是对于登录的结果来说，脚本并没有做任何验证。从严格意义上讲，此脚本是一个完全没有任何意义的脚本，因为没人知道脚本最终是成功还是失败了，除非你在脚本执行过程中始终盯着屏幕上的检查结果，而那样就违背自动化测试的初衷了。明确了这一点后，接下来介绍一下怎样获取文本框的 value。

测试脚本如下。

```
from selenium import webdriver
import time
driver = webdriver.Firefox()
driver.get("Mercury Tours 登录页面")

usr_textbox = driver.find_element_by_name("UserName")
usr_textbox.send_keys("mercury")
print('hello' in usr_textbox.get_attribute('value'))
```

此程序前面的内容和上一段程序一样，主要看最后一行代码。usr_textbox 是之前已经获取到的 WebElement 对象，这个对象包含一个 get_attribute 方法，可以直接获取对象下指定的属性值，只需要在参数中提供想要获取的属性值所对应的属性名即可。例如，要获取控件的 name 属性，可直接使用 obj.get_attribute('name')，就是这样简单。明白了这一点就能很轻松地知道以上脚本的输出结果应该是 False 了，要使输出结果变成 True 也很简单，只需要将其改为 print('mercury'in usr_textbox.get_attribute('value'))即可，这样就完成了一个最简易的验证点检验了。当然，在实际项目中，一般采用断言方式进行验证，读者可以参考本书第 1 章的验证方式。

2.3.3　WebListbox——关于下拉列表的操作

1．基本操作方式

在开始讲解之前，我们需要一个好的样例页面，这里选择 Elemental Selenium 提供的一个网站，作为我们接下来针对各类控件的实战网站。在本节中，选取 Listbox 样例，所以单击 Dropdown 链接就可以得到一个包含 Listbox 控件的页面。为了更好地理解后面的实际操作过程，这里同时抓取了有关 Listbox 的 HTML 源代码，具体如下。

```html
<h3>Dropdown List</h3>
<select id="dropdown">
    <option value="" disabled="disabled" selected="selected">Please select an
        option</option>
    <option value="1">Option 1</option>
    <option value="2">Option 2</option>
</select>
```

先来简单分析一下上面的 HTML 代码，该代码实现了一个非常基本的下拉列表，相信有一定 HTML 基础的读者应该对此不会陌生（如果你还不知道 HTML，建议查看 W3C 上的 HTML 教程，然后继续看下去）。此处 select 代表一个下拉列表，包含 3 个 option。其中第一个 option 的 value 为 1，第二个 option 的 value 为 2。而 Option 1 和 Option 2 分别为两个 option 的 visible_text，也就是可见文本。为什么要强调这些很基础的知识呢？因为这两个看似很容易理解的知识点，会有相当一部分人搞混，特别是容易把 value 和 visible_text 搞混。在明白以上概念后，我们开始介绍操作下拉列表的 3 种方法。

select_by_index 方法的具体代码如下。

```python
from selenium import webdriver
import time
from selenium.webdriver.support.ui import Select
driver = webdriver.Firefox()
driver.get("某元素示例网站/dropdown")
select = Select(driver.find_element_by_id("dropdown"))
select.select_by_index(2)
```

如图 2.25 所示，运行脚本后，最终结果选择了 Option 2，因为 select_by_index 方法

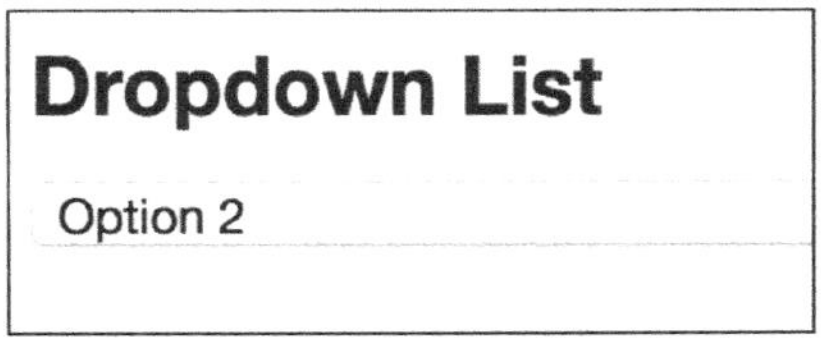

内传入值的是 2，索引是从 0 开始的，因此索引为 2 的选项就是 3 个选项的最后一个选项，即 Option 2。假设我们输入的是 1，自然就会选择 Option 1 了，这行代码不难理解，而真正难的地方是在这一行代码的上一行，怎么就突然凭空冒出一个"Select"，

Dropdown List

Option 2

图 2.25　执行脚本后选择了 Option 2

以前 find_element_by_XXX 方法返回一个 WebElement 对象后，就可以直接进行操作了。的确如此，一些常用控件可以直接使用 WebElement 这个对象进行操作，但是 WebElement 这个对象并不支持下拉列表，它并不像按钮和文本框那样，可以直接调用 WebElement 的相应方法来操作。因此，无法直接通过返回 WebElement 对象去操作下拉列表，幸运的是，Selenium 已经封装好了一个类——Select，它专门应对下拉列表这个对象操作，一起从源代码看一下这个类是怎么初始化的，这样我们就可以知道如何使用它了。

如图 2.26 所示，在 Select 类的初始化部分，__init__ 代表构造器，构造器的第一个参数为 self，该参数可以忽略（在 Python 中，每一个类方法都需要包含一个 self），第二个参数为 webelement。看注释部分提到了"Constructor, A check is made that the given element is , indeed, a SELECT tag. If it is not, then an UnexpectedTagNameException is thrown."。这句话的意思是，在初始化 Select 这个类时会检查所传入的 webelement 对象是否包含 SELECT 标签，如果不包含则会抛出一个 UnexpectedTagNameException 异常。那么这就很清晰了，这个 Select 类其实是专门用于 SELECT 标签控件的类，对于非 Select 标签的控件，一律返回异常，所以回头再来看一下刚才操作下拉列表的核心脚本。

```
select = Select(driver.find_element_by_id("dropdown"))
select.select_by_index(2)
```

```
class Select(object):

    def __init__(self, webelement):
        """
        Constructor. A check is made that the given element is, indeed, a SELECT tag. If it is not,
        then an UnexpectedTagNameException is thrown.

        :Args:
         - webelement - element SELECT element to wrap

        Example:
            from selenium.webdriver.support.ui import Select \n
            Select(driver.find_element_by_tag_name("select")).select_by_index(2)
        """
        if webelement.tag_name.lower() != "select":
            raise UnexpectedTagNameException(
                "Select only works on <select> elements, not on <%s>" %
                webelement.tag_name)
        self._el = webelement
        multi = self._el.get_attribute("multiple")
        self.is_multiple = multi and multi != "false"
```

图 2.26　Select 的封装代码

首先初始化 Select 类并传入一个带有 SELECT 标签的 webelement 对象，然后即可调

用所有 Select 类的方法了。本例中调用的是 select_by_index 方法，接着就是几乎同样的步骤了，只是方法不同而已，可以使用值进行选择，方法名为 select_by_value。注意，这个值并不是实际下拉列表显示的内容。脚本如下。

```python
from selenium import webdriver
import time
from selenium.webdriver.support.ui import Select
driver = webdriver.Firefox()
driver.get("某元素示例网站/dropdown")
select = Select(driver.find_element_by_id("dropdown"))
select.select_by_value('2')
```

运行以上脚本同样可以得到之前那个实例同样的结果，唯一不同的是这次是通过值来进行选择的。下面再来看最后一种选取方式，这也是一种比较常用的方式。

```python
from selenium import webdriver
import time
from selenium.webdriver.support.ui import Select
driver = webdriver.Firefox()
driver.get("某元素示例网站/dropdown")
select = Select(driver.find_element_by_id("dropdown"))
select.select_by_visible_text("Option 2")
```

同样地，这次是把方法名改成了 select_by_visible_text，其实通过方法的名字就能知道，此方法通过可见文本进行选择。当前脚本中传入的是 Option 2，因此执行结果自然还和之前两次的结果都一样——直接选择了 Option 2 这个选项。

提示 1

　　本节讲了 3 种处理下拉列表的方法，究竟在平时的工作中应该使用哪一种方法比较合适呢？其实每一种方法都会被用到，选择使用哪一种方法取决于不同的测试场景，例如，一般情况下使用 select_by_value 或者 select_by_visible_text。当然，如果需要做多语言自动化测试，直接选择 select_by_value 比较合适，select_by_index 一般用得比较少。在含有相同 option 或者 value 及 visible_text 都是动态值的情况下可以考虑使用 select_by_index。

提示 2

　　无论采用哪一种方法选取 option，如果传入数据没有匹配到下拉列表内的任何值，那么这 3 种方法在找不到 option 的情况下，都会直接抛出 NoSuchElementException 异常，从而帮助测试工程师更快发现和定位错误。

2. 验证下拉列表的内容是否正确

对于下拉列表，我们需要知道如何验证我们选择的选项是否正确。在开始讲解验证已选选项之前，让我们先看一下如何获取一个下拉列表中所有选项的内容。脚本如下。

```python
from selenium import webdriver
from selenium.webdriver.support.ui import Select
driver = webdriver.Firefox()
driver.get("某元素示例网站/dropdown")
select = Select(driver.find_element_by_id("dropdown"))
options =  select.options
for option in options:
    print 'option text is {0}'.format(option.text)
```

运行以上脚本，console 会输出如下内容。

```
option text is Please select an option
option text is Option 1
option text is Option 2
```

可以看到，下拉列表中的所有选项都已输出。下面简单分析一下这个例子。我们可以看到，select.options 这个属性返回的一个列表包含了所有的选项，然后通过一个 for 循环把整个列表遍历一遍，即可得到所有选项的内容。在有些测试实例中，当需要验证整个下拉列表中的所有选项时，这种方法非常有用。下面接着来看一下如何验证已经选中的选项是否正确。测试脚本如下。

```python
from selenium import webdriver
from selenium.webdriver.support.ui import Select
driver = webdriver.Firefox()
driver.get("某元素示例网站/dropdown")
select = Select(driver.find_element_by_id("dropdown"))
select.select_by_value("2")
first_option = select.first_selected_option
value = first_option.get_attribute("value")
text = first_option.text
print("current option is '{0}' and value is '{1}'".format(text,value))
```

运行结果如下。

```
current option is 'Option 2' and value is '2'
```

这个例子比之前的例子更加简单，first_selected_option 属性直接返回当前已选的 option 对象，而这个 option 对象其实就是一个 WebElement 类型的对象，因此，可以直接调用 get_attribute 方法和 text 方法获取相应的值。

此处 first_selected_option 中为什么会多一个 first？原因是一些下拉列表是支持多项选择的，使用这个方法就可以得到选择的第一个选项。当然，此方法同时也支持单项选择，因此它是一种通用的方法。图 2-27 所示源代码的注释部分也清晰地说明了此方法的用途。

```
@property
def first_selected_option(self):
    """The first selected option in this select tag (or the currently selected option in a
    normal select)"""
    for opt in self.options:
        if opt.is_selected():
            return opt
    raise NoSuchElementException("No options are selected")
```

图 2.27　first_selected_option 的用途

另外，如果读者需要尝试验证多项列表，可以直接使用 all_selected_options 属性。此属性同样返回一个列表，只需要像第一个例子那样遍历所有的内容就可以完成多项列表的验证。

2.3.4　WebCheckbox——复选框的应用

1. 验证复选框的两种状态

复选框（Checkbox）控件是一个比较特殊的控件，它不像文本框控件可以随意输入内容，也不像下拉列表控件可以随意选择一些选项，复选框控件只有两种状态——"选中"和"未选中"。

首先，我们要学习的就是灵活驾驭复选框的状态。本小节会先介绍如何获取与验证复选框的选中状态，然后才讲解如何对其进行智能化的选取与反选。为什么要这么做呢？其主要原因是，在对复选框操作之前，我们首先需要对其状态进行判断再对其进行操作，这样对复选框的操作才是安全的，否则会出现状态混乱的情况。后面会详细讲解，先来看一段检查复选框状态的代码，这里使用一个元素示例网站中的 checkboxes 样例页面。

```
from selenium import webdriver
from selenium.webdriver.support.ui import Select
driver = webdriver.Firefox()
driver.get("某元素示例网站/checkboxes")
checkbox1 = driver.find_element_by_xpath("//form[@id='checkboxes']/input[1]")
checkbox2 = driver.find_element_by_xpath("//form[@id='checkboxes']/input[2]")
print ('first checkbox status is {0}'.format(checkbox1.is_selected()))
print ('second checkbox status is {0}'.format(checkbox2.is_selected()))
```

代码运行结果如下。

```
first checkbox status is False
second checkbox status is True
```

以上脚本主要做了两件事：第一件事是抓取两个复选框对象；第二件事是分别检查

两个复选框的状态是否是被选中。对于第一件事，直接使用 find_element 方法即可获取到我们需要的复选框对象；获取复选框的状态其实也不难，Selenium 已经提供了现成的方法——is_selected，利用此方法可以直接返回当前复选框的选中状态。由于默认情况下此页面中第一个复选框是未选中状态，第二个复选框为选中状态，因此，运行结果是第一个为 False，第二个为 True。

> **提示**
>
> 　　is_selected 方法既支持复选框的状态检查，也支持单选按钮（Radiobox）的状态检查，由于单选按钮与复选框各方面操作几乎一致，因此这里就不再重复讲解了。读者可以根据本章所讲解的复选框的内容来举一反三，自行尝试单选按钮的一些操作，方法基本上是相通的。

2．如何"自动化"地对复选框控件进行"选中"或"取消"

其实单纯地操作复选框是非常容易的，通过一个 Click 函数即可完成"选中"动作和"取消"动作。但是，复选框不像普通的按钮，其本身存在两种状态，如果需要对它进行安全、稳定的操作，一件必须要做的事情就是在操作之前检查它处于哪一种状态，并根据当前的状态判断是否需要进行单击操作，这一点是非常重要的。试想一下，一个登录界面包含一个记住密码的复选框，因为默认情况下，记住密码的复选框始终是"未选中状态"的，如果未做检查直接单击了它，测试也可以通过。但是，突然有一天，开发人员更改了这个复选框的默认设置，把复选框记住密码的默认状态更改为了"选中状态"，测试脚本按照原样运行会选择一条完全相反的路径，从而导致测试失败。因此，一个比较好的方法是首先检查复选框的状态，然后根据给出的状态判断是否需要做相应的操作，这里给出一段示例代码。

```python
from selenium import webdriver
from selenium.webdriver.support.ui import Select

def check(webelement, status):
    if webelement.is_selected():
        if not status:
            webelement.click()
    else:
        if status:
            webelement.click()

driver = webdriver.Firefox()
driver.get("某元素示例网站/checkboxes")
checkbox1 = driver.find_element_by_xpath("//form[@id='checkboxes']/input[1]")
checkbox2 = driver.find_element_by_xpath("//form[@id='checkboxes']/input[2]")
```

```
check(checkbox2, True)
check(checkbox1, True)
```

运行以上代码，从运行结果可以看到两个复选框都被成功选中了。在代码中，实际上增加了一个 check 函数，此函数包含两个参数：第一个参数是需要传入的 webelement，第二个参数用于设置复选框的状态，状态值是 True 表示选中，状态值是 False 表示取消选中。该函数的主要作用是，通过 is_selected 方法先判断复选框的状态，如果它是"选中"状态，那么只有设置 False 才能进行一次额外单击；如果它是"未选中"状态，那么只有设置 True 才能进行一次额外单击；除此之外，不需要做任何的操作。理解了该函数后，可以直接调用此函数轻松对复选框设置状态，再也不用关心其默认处于哪一种状态了。强烈推荐使用这种方式对复选框控件进行操作。在前期测试脚本中多写几行代码，后期能够一劳永逸。

2.3.5 WebTable——表格的处理

1. 最终战役的准备

在进行自动化测试时，工程师在处理表格（WebTable）控件时都会感觉十分棘手，因为表格相对于其他控件来说更难以处理。

下面讲解如何从表格中快速读取数据、遍历数据。此处使用"某元素示例网站"的表格来作为样例，如图 2.28 所示。

Last Name	First Name	Email	Due	Web Site	Action
Smith	John	js***@gmail.com	$50.00	http://www.js***.com	edit delete
Bach	Frank	fb***@yahoo.com	$51.00	http://www.fr***.com	edit delete
Doe	Jason	jd***@hotmail.com	$100.00	http://www.j***.com	edit delete
Conway	Tim	tco***@earthlink.net	$50.00	http://www.ti***.com	edit delete

图 2.28　样例表格

图 2.28 所示的表格包含了 6 列属性，分别为 Last name、First Name、Email、Due、Web Site 和 Action。需要注意的是，最后一列有两个操作链接，一个是 edit（编辑），另一个是 delete（删除）。但这个样例网站并没有实现删除功能。不过，我们仍然可以通过 URL 来判断是否单击了 delete 链接。总体来讲，表格结构比较简单。

2. 根据行号与列号读取指定单元格的数据

首先尝试写一个函数，此函数包含两个参数，即行号及列号，最终返回行号及列号所对应的单元格中的文本内容。程序如下。

```
def get_cell_Text(row, column):
```

```
        cell_text = ''
        #...
        return cell_text
```

要完成这个函数，可以从最简单的一个例子出发，例如，我们直接获取第一行第一列的数据，对应单元格的值应该是 Smith。那么如何抓取指定单元格中的值呢？其实并不难，一般思路是先抓取 tr 行的标签，再通过 tr 行的标签去找 td 列的标签，这样就可以找到对应单元格的值了。如果读者不知道什么是 tr 和 td，建议查看 W3C 网站，了解 HTML 中 Table 的写法，这里就不做过多解释了。下面先给出基本的代码。

```
from selenium import webdriver
from selenium.webdriver.support.ui import Select

driver = webdriver.Firefox()
driver.get("某元素示例网站/tables")
all_tr = driver.find_elements_by_xpath('//table[@id="table1"]/tbody/tr')
all_td = all_tr[0].find_elements_by_tag_name("td")
cell_text = all_td[0].text
print (cell_text)
```

运行以上测试脚本，就可以得到我们想要的结果——Smith 了。下面分析一下这个过程。首先，程序运行后跳转到之前给出的包含表格的 URL。然后，可以看到脚本中使用了 find_elements_by_xpath 方法，参数为一个 XPath 表达式，这个表达式首先定位了 id 属性为 table1 的那个表格（因为当前页面包含了两个表格，所以必须加以区分），随后定位到了 tr，这样就获取了所有 tr 行中的“对象”。注意，这里的“对象”表示多个对象。注意，之前的方法名是 find_elements_by_xpath 而不是 find_element_by_xpath，若使用后者则无法返回多个 tr 对象，这一点切记！获得所有行对象后，由于需要获取第一行中的对象，因此只需要使用 all_tr[0]即可直接获得第一行的全部对象，这样行的处理完成了。下面只要完成列的处理，就可以获取单元格的文本内容了。怎样才能从整个 tr 行对象中找到其中的 td 列对象呢？其实 Selenium 中的每一个 WebElement 对象都支持直接查找子对象，因此可以直接在这个 tr 行对象的基础上使用 find_elements_by_tag_name，从而获得所有 td 列的“对象”。用同样的方式，all_td[0]表示获取到第一列的对象，这个对象即为第一行第一列的对象，最后只需要输出其文本的属性值即可获得此单元格的文本内容。回到刚才提出的那个问题，从严格意义上讲，我们还没有解决那个问题，还需要一个函数、两个参数和一个返回值，这样才可以解决“从整个 tr 行对象中找到其中的 td 列对象”。具体实现程序如下。

```
from selenium import webdriver
from selenium.webdriver.support.ui import Select

def get_table1_cell(row, column):
```

```
    all_tr = driver.find_elements_by_xpath('//table[@id="table1"]/tbody/tr')
    all_td = all_tr[row-1].find_elements_by_tag_name("td")
    cell_text = all_td[column-1].text
    print 'Cell[{0},{1}] is {2}'.format(row, column, cell_text)

driver = webdriver.Firefox()
driver.get("某元素示例网站/tables")
get_table1_cell(2,2)
```

在以上代码中，首先创建了一个函数 get_table1_cell，它包含两个参数（行号及列号），函数体的内容与之前讲的例子几乎一样，只是把第一行与第一列的两个 0 替换成了参数，由于索引是从 0 开始的，因此行与列对应的参数都需要减一，最后输出行号、列号及单元格的内容。在测试脚本的最后一行直接调用此函数，并输入行号与列号就可得到期望的结果。此例中，最终输出的是第二行第二列的结果。尝试运行以上脚本，最终得到的结果肯定是 Frank。其实通过更简单的方法可以直接获取到对应的内容，具体代码如下。

```
from selenium import webdriver

def get_table_cell(row, column):
    cell = driver.find_element_by_xpath('//table[@id="table1"]/tbody/tr[{0}]/td[{1}]'.
        format(row,column))
    print cell.text
driver = webdriver.Firefox()
driver.get("某元素示例网站/tables")
get_table_cell(2,2)
```

这个程序直接通过一个 XPath 获取指定单元格的元素，这也是比较常用的方法。之所以介绍第一种方法，并不是鼓励读者这样做，而是希望读者能够明白如何对表格进行分解，并知道如何通过 find_elements_by_xpath 方法获取到所有行对象，这一点在根据关键字遍历所有行或者所有列中会有很大的帮助，因此希望读者不要忽视第一种用法。

3. 根据行号与列名进行查找

关于根据行号与列名进行查找，对应到这里的实例中就是获取某一行的 Email 或者某一行的 Web Site 内容等。读者可以尝试完成这样一个题目：写一个函数，参数为行号和列名（或者是属性名），返回两者指定的单元格中的值。该题的大致思路与上一节的很接近，一起来看一下实现代码（请读者先自己动手尝试）。

```
from selenium import webdriver

def get_table1_cell_by_row(row, column_name):
    column = 0

    all_th = driver.find_elements_by_xpath('//table[@id="table1"]/thead/tr/th')

    for index, th in enumerate(all_th):
```

```
        if column_name.lower() in th.text.lower():
            column = index
            break

    cell = driver.find_element_by_xpath('//table[@id="table1"]/tbody/tr[{0}]/td[{1}]'.
        format(row, column+1))

    print(cell.text)


driver = webdriver.Firefox()
driver.get("某元素示例网站/tables")
get_table1_cell_by_row(3,'email')
```

注意，以上测试脚本针对图 2.28 所示表格。

读者可以先看本测试脚本的最后一行，get_table1_cell_by_row 方法的两个参数分别是 3 及 email，这代表我们需要查找第三行所对应的 email 属性内容，表格中第三行的 Email 应该为 jd**@hotmail.com，尝试运行以上脚本，会得到相同的答案。下面我们一步一步地分析此函数。

（1）获取列名对应的列序号

通过以下代码获取列名对应的列序号。

```
all_th = driver.find_elements_by_xpath('//table[@id="table1"]/thead/tr/th')
for index, th in enumerate(all_th):
    if column_name.lower() in th.text.lower():
        column = index
        break
```

首先获取表头中所有的单元格对象，接着通过 for 循环遍历表头中的所有单元格内容，一旦内容匹配并传入了表头的属性后，即获得 index（列序号），并退出循环（这里假设没有重复的情况发生）。为什么要获取这个 index 呢？因为这个 index 对应了传入的列序号。

（2）获取所有行对象

通过以下代码获取所有行对象。

```
cell = driver.find_element_by_xpath('//table[@id="table1"]/tbody/tr[{0}]/td[{1}]'.
format(row, column+1))

print(cell.text)
```

在完成了上一步后，这一步就比较容易了，因为已经有了行号及列号，就可以直接获取对应单元格的内容了（如何通过行和列获取指定单元格的内容已在前面介绍过）。

（3）获取指定用户名的所有列信息

下面介绍一种比较高效地读取表格数据的方式。为了获取指定用户名的所有列信息，首先通过遍历用户名获取相应的行，然后将行内的所有信息依次放入一个字典对象容器中，最后返回整个字典，方便后续根据不同的用户属性获取对应的值。读者可以根据此需求创建一个类似的函数，参数只有一个 Username，如果传入 Bach，那么返回的字典对象集合就会包含 Bach 的所有信息，如 First Name、Email、Due 等。建议尝试完成之后再看后续内容。本例的代码如下。

```python
from selenium import webdriver

def get_user(username):
    user = {}

    all_th = driver.find_elements_by_xpath('//table[@id="table1"]/thead/tr/th')

    rows = driver.find_elements_by_xpath('//table[@id="table1"]/tbody/tr')

    for row in rows:
        cell = row.find_element_by_tag_name('td')
        if username == cell.text:
            for column,th in enumerate(all_th):
                cell = row.find_element_by_xpath('td[{0}]'.format(column+1))
                user[th.text] = cell.text
            return user
    return None

driver = webdriver.Firefox()
driver.get("某元素示例网站/tables")
users = get_user('Bach')
print (users['Email'])
print (users['Due'])
```

运行结果如下。

```
fbach@xxx.xxx
$51.00
```

从运行结果可以看到，两个信息均属于 Bach 用户，这也是我们期望的结果。下面分析一下具体如何实现这个函数。首先，创建一个空的 user 字典，方便后续添加用户信息内容。然后，获取表头，并获取所有行集合。接下来就是最关键的部分。实现程序如下：

```python
    for row in rows:
        cell = row.find_element_by_tag_name('td')
        if username == cell.text:
            for column,th in enumerate(all_th):
                cell = row.find_element_by_xpath('td[{0}]'.format(column+1))
                user[th.text] = cell.text
            return user
```

在以上代码中，首先遍历所有行，找到对应用户名的行对象，然后将之前获取的表头与行内容一一对应并加入字典对象中，最终返回整个 user 字典集合，这样只需要调用一次这个函数，即可获取到指定用户的所有信息，后续就可以选择性地使用指定用户的数据，不需要再反复调用 find_element 从单元格里一个个取数据了。这个方法对于使用者来说非常简单，也方便对脚本的维护。

2.4　本章小结

在 QTP 软件中，我们习惯了"对象识别"的叫法，而在 Selenium 的世界里，通常更习惯性的叫法是"元素定位"。其实这种叫法很贴切，因为这个过程就是通过各种方法查找网页上的各种元素属性来确定它是不是我们需要的那个唯一元素（对象）。

本章首先介绍了定位手段，然后针对各种元素（对象）执行期望的操作。不得不承认，Selenium 要比 QTP 难很多，毕竟在自动化测试中的对象识别问题上，QTP 有对象库，我们只需要把各种对象添加到对象库就可以了，正常情况下，添加对象的过程也很简单。但 Selenium 没有此功能，需要学习 XPath，还要学习很多网页知识，所以建议读者围绕本章的内容深入学习。

第 3 章　移动端自动化测试实例与核心原理剖析

3.1　引言

本章会讲解 Selenium 远程执行的原理，包括常用的 Selenium Grid 及云端执行等；然后通过两个经典实例讲解移动自动化测试工具 Appium。

本章从始至终都会贯穿一个核心内容——Desired Capabilities（Desired Caps），只有掌握了它的核心原理，读者才能游刃有余地按照自己的想法在测试中使用 Selenium 和 Appium。

3.2　Desired Caps 与 Driver-Selenium 的原理

3.2.1　无所不能的 Desired Caps

Desired Caps 往往是一个被很多测试工程师忽视的对象，但是它的功能很强大。它是所有需要执行自动化测试的平台入口。有了它，我们可以轻松定义远程机器上需要执行的浏览器名称、版本号，以及针对不同浏览器的各式各样的配置；有了它，我们可以在移动领域中轻松定义当前需要运行在 iOS 还是 Android 上，以及 OS 需要运行在模拟器还是真机上，如运行在 iPhone 7、iPhone 8 或者 iPhone X 上，甚至 Apple TV 上；有了它，我们甚至可以在 Sauce Labs 上指定运行想要的任何平台、任何版本号，无论是在移动端还是 Web 端，都可以虚拟出一个对应的实例供测试执行。

3.2.2　不同驱动器的底层实现原理

读者一定很想知道为什么 Selenium 这么强大，可以做到这么多事情。其实 Selenium 本身并不强大，如果没有各类驱动器（ChromeDriver、GeckoDriver、IEDriver 等）的支持，那么 Selenium 几乎是一无用处。为什么用 Selenium 可以轻松集成各种主流浏览器？这是因为 Selenium 如今扮演的角色已经远远不只是一个工具那么简单，它已经成为一个标准、一个平台。Selenium 提供了一种叫作 JsonWireProtocol 的统一协议，所有支持的浏览器驱动器都会根据 JsonWireProtocol 协议接口来实现浏览器自身的自动化行为，最终封装成一个驱动器。也就是说，只要遵守这个协议接口的驱动器都可以与 Selenium 无缝集成，这是一个非常巧妙的设计，同时测试工程师完全可以自行开发一个自定义的驱动器与 Selenium 结合使用。

3.2.3　Selenium 的运行原理

明白了所有的驱动器都是根据 Selenium 的 JsonWireProtocol 来实现的以后，那么这些驱动器又是如何与 Selenium 进行集成的呢？

简单地说，完整的 Selenium 其实包含两部分，一个是执行端部分，也就是客户端，另一个是服务器端。

什么是客户端？我们平时写的 Selenium 测试脚本就是 Selenium 的客户端脚本。那么什么是服务器端？所有实现了 JsonWireProtocol 协议的驱动器即为服务端。当 Selenium 指定了某个浏览器执行自动化测试之前，会找到对应浏览器的驱动器，并启动这个驱动器（作为服务器端）。当客户端脚本执行输入或者单击操作时，它会发送一个正确的请求给对应驱动器所启动的服务器端，由服务器端最终执行自动化测试操作。因此，真正的自动化执行者是驱动器，Selenium 只是负责提交指令给对应的驱动器。再通俗点，当脚本执行到 send_keys 操作时，脚本会发送一个请求，告诉服务器："嘿，驱动器老兄，请帮我执行 send_keys 操作，谢谢！"驱动器收到请求后会立即执行对应的操作，并回复说："执行完毕，操作已成功！"

当然，如果驱动器在操作时出现异常，也会回复信息给客户端，让客户端抛出对应的异常信息。这就是 Selenium 的基本运行原理，在了解了这个原理之后，读者在阅读后面的内容时便会更加易于理解。

3.2.4　利用 Standalone Server 远程执行测试脚本

提到远程执行测试脚本，就不得不提 Selenium 提供的"大名鼎鼎"的 Standalone Server 包，它的主要功能是让 Selenium 具有远程执行的特性。最神奇的是，远程执行的机器并不需要执行任何自动化测试代码，只需要通过一个命令行启动一个服务器，即可完成整个远程操作。

在正式开始之前，首先需要下载 Standalone Server 的 jar 包，页面样式如图 3.1 所示。

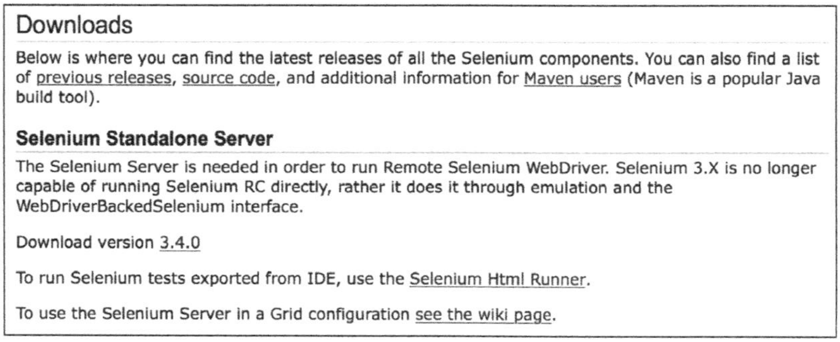

Downloads

Below is where you can find the latest releases of all the Selenium components. You can also find a list of previous releases, source code, and additional information for Maven users (Maven is a popular Java build tool).

Selenium Standalone Server

The Selenium Server is needed in order to run Remote Selenium WebDriver. Selenium 3.X is no longer capable of running Selenium RC directly, rather it does it through emulation and the WebDriverBackedSelenium interface.

Download version 3.4.0

To run Selenium tests exported from IDE, use the Selenium Html Runner.

To use the Selenium Server in a Grid configuration see the wiki page.

图 3.1　下载 Selenium Standalone Server 的 JAR 包

如图 3.1 所示，可以看到 Selenium Standalone Server 当前提供下载的版本号为 3.4.0，只要单击那个链接即可下载。下载完毕后，可以得到一个文件 selenium-server-standalone-<版本号此处为 3.4.0>.jar。有了这个 jar 文件之后，就可以很容易地通过一个命令行直接启动远程服务器。命令行如下。

```
java -jar selenium-server-standalone-3.4.0.jar
```

执行完毕后，可以看到图 3.2 所示的结果。

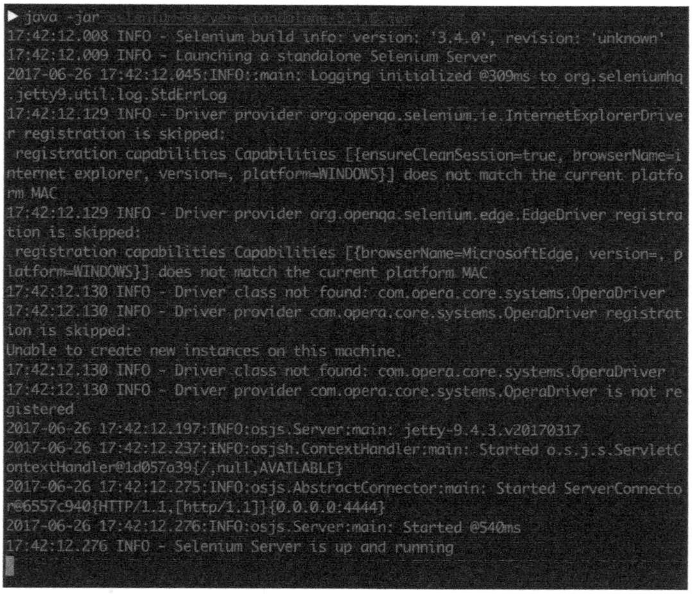

图 3.2　通过命令行启动远程服务器

在图 3.2 中，最后一行表示 Selenium 的服务器已经启动成功并处于运行状态。如果不确定服务器是否启动成功，可以直接打开 URL（http://0.0.0.0:4444/wd/hub）验证其是否启动成功。图 3.3 所示的结果即代表启动成功。

```
┌─ Sessions ──────────────────────────────────────────────────
│ Create Session   |   Refresh Sessions
│ ┌──────────────────────────────────────────────────────────┐
│ │ No Sessions                                                │
│ │                                                            │
│ │                                                            │
│ │                                                            │
│ └──────────────────────────────────────────────────────────┘
└──────────────────────────────────────────────────────────────

                                Mac OS X 10.12.5  |  v3.4.0  |  runknown
```

图 3.3　验证服务器启动成功

那么启动完服务器后该怎么使用它呢？下面介绍一下这个服务器具体是什么及它的具体作用。

Selenium 支持市场上绝大部分的浏览器，有很多针对不同浏览器的专有驱动器，如 FirefoxDriver、ChromeDriver、IEDriver 等。除了这些驱动器之外，还有 RemoteWebDriver，这是所有驱动器中最特殊的一个，因为其他驱动器能做到的它都能做到，而其他驱动器做不到的它同样也能做到。我们接着看一下如何使用这个驱动器。实现代码如下。

```python
from selenium import webdriver
from selenium.webdriver.common.desired_capabilities import DesiredCapabilities

driver = webdriver.Remote(
            command_executor='http://<server_ip>:4444/wd/hub',
            desired_capabilities=DesiredCapabilities.FIREFOX
)
driver.get("网站 URL")
driver.quit()
```

以上代码不难理解，通过调用 webdriver 下的 Remote 调用 RemoteWebdriver 对象。参数需要提供两个：第一个参数是服务器的 URL，这里只需要把<server_ip>替换成启动 Standalone Server JAR 包的那台服务器的 IP 即可；第二个参数是进行自动化测试的浏览器名称，由于 DesiredCapabilities 类已经提供了对应的浏览器，因此可直接使用这个类完成指定浏览器的选择。

这样最终得到的驱动器就是一个远程的 RemoteWebdriver 对象，之后的操作步骤与之前讲过的其他普通浏览器的驱动器的使用方式完全一样，在此就不再进行阐述了。

3.2.5　添加 Chrome 浏览器的支持

首先，我们把 3.2.4 节代码段中的 DesiredCapabilities 下的 FIREFOX 直接改成 CHROME。代码如下。

```
from selenium import webdriver
from selenium.webdriver.common.desired_capabilities import DesiredCapabilities


driver = webdriver.Remote(
        command_executor='http://<server_ip>:4444/wd/hub',
        desired_capabilities=DesiredCapabilities.CHROME
)
driver.get("网站 URL")
driver.quit()
```

除了把 FIREFOX 改成 CHROME 之外，代码几乎没有任何其他改动。运行以上代码后会发现出现了如下异常。

```
Exception: The path to the driver executable must be set by the webdriver.chrome.
driver system property; for more information, see https://<ChromeDriver 相关网站>. The
latest version can be downloaded from http://<chromedriver 下载网站>/index.html
```

原因很简单，因为我们并没有引用 ChromeDriver，测试脚本在试图启动 Chrome 之前会首先寻找 ChromeDriver 这个文件。读者应该记得之前所提到的 ChromeDriver 是服务器端，Selenium 需要在服务器端正常启动后才能运行，如果我们在测试脚本中没有指定它，Selenium 自然不可能找到 ChromeDriver 这个文件，从而不能正常启动服务器端。因此，我们首先需要从 ChromeDriver 官网下载 ChromeDriver，图 3.4 所示为下载页面。

如图 3.4 所示，当前 ChromeDriver 版本为 2.30，下载后将其解压。接下来有两种方法：第一种方法比较容易，直接复制 ChromeDriver 文件到 Standalone Server jar 包的同级目录下即可，既快速又容易，一般都会采用这种简单的方式；第二种方法是通过指定 webdriver.chrome.driver 系统属性来告诉 Selenium 具体存放 ChromeDriver 的路径，该方法也很简单。之前启动 Standalone Server 的时候使用如下命令行。

```
java -jar selenium-server-standalone-3.4.0.jar
```

这里只需要在命令行里增加系统属性参数即可，命令行如下。

```
java -Dwebdriver.chrome.driver=<chromedriver 的相对路径> -jar selenium-server-
    standalone-3.4.0.jar
```

利用以上方法可以添加多个浏览器支持，如用户可以直接一次性添加 IE、Chrome 和

Safari 等多个浏览器同时支持的服务器。方法是一样的，先下载对应的驱动器包，然后指定相应包的相对路径或者完整路径即可。

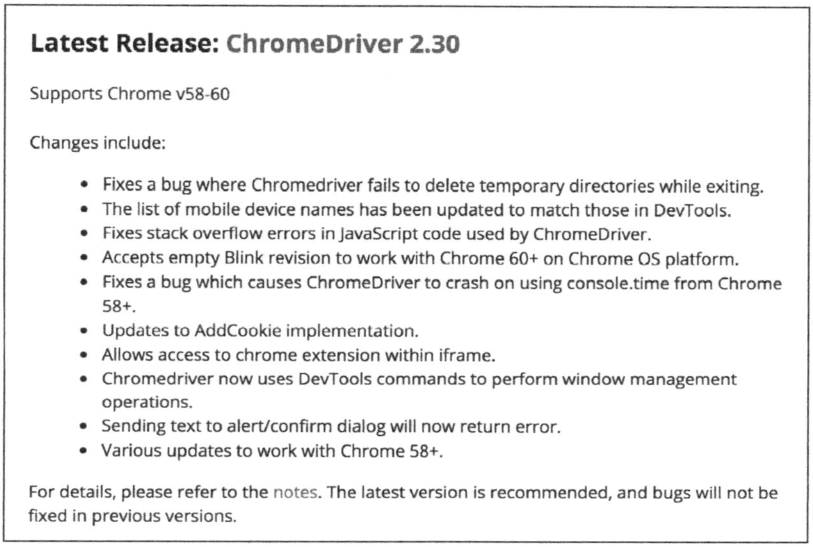

Latest Release: ChromeDriver 2.30

Supports Chrome v58-60

Changes include:

- Fixes a bug where Chromedriver fails to delete temporary directories while exiting.
- The list of mobile device names has been updated to match those in DevTools.
- Fixes stack overflow errors in JavaScript code used by ChromeDriver.
- Accepts empty Blink revision to work with Chrome 60+ on Chrome OS platform.
- Fixes a bug which causes ChromeDriver to crash on using console.time from Chrome 58+.
- Updates to AddCookie implementation.
- Allows access to chrome extension within iframe.
- Chromedriver now uses DevTools commands to perform window management operations.
- Sending text to alert/confirm dialog will now return error.
- Various updates to work with Chrome 58+.

For details, please refer to the notes. The latest version is recommended, and bugs will not be fixed in previous versions.

图 3.4 ChromeDriver 下载页面

这种方法可让用户自行指定 ChromeDriver 的路径，相比之前的方法更加灵活，因此，建议读者使用第二种方法，从而使各类驱动器的路径可配置化。无论使用哪一种方法，我们再次执行之前失败的测试脚本，看一下结果会如何，如图 3.5 所示。

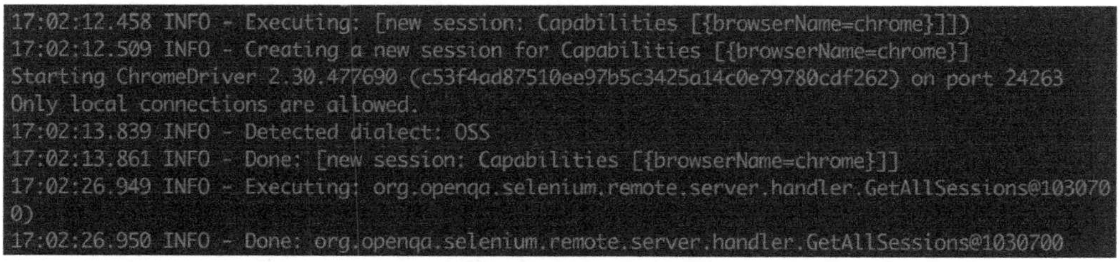

```
17:02:12.458 INFO - Executing: [new session: Capabilities [{browserName=chrome}]])
17:02:12.509 INFO - Creating a new session for Capabilities [{browserName=chrome}]
Starting ChromeDriver 2.30.477690 (c53f4ad87510ee97b5c3425a14c0e79780cdf262) on port 24263
Only local connections are allowed.
17:02:13.839 INFO - Detected dialect: OSS
17:02:13.861 INFO - Done: [new session: Capabilities [{browserName=chrome}]]
17:02:26.949 INFO - Executing: org.openqa.selenium.remote.server.handler.GetAllSessions@103070
0)
17:02:26.950 INFO - Done: org.openqa.selenium.remote.server.handler.GetAllSessions@1030700
```

图 3.5 创建 Chrome 的会话

如图 3.5 所示，这一次我们可以清楚地看到，服务器的日志显示了已成功创建的 Chrome 的会话，且没有任何错误信息出现，Chrome 也成功跳转到指定网站并关闭了浏览器，最终测试脚本运行完毕。

以上测试脚本用到了 DesiredCapabilities 这个类——告诉 Selenium 哪一个浏览器才是我们需要运行的。为了更深入地了解其原理，查看一下这个类的源代码，如图 3.6 所示。

```
FIREFOX = {
    "browserName": "firefox",
    "version": "",
    "platform": "ANY",
    "javascriptEnabled": True,
    "marionette": True,
    "acceptInsecureCerts": True,
}

INTERNETEXPLORER = {
    "browserName": "internet explorer",
    "version": "",
    "platform": "WINDOWS",
    "javascriptEnabled": True,
}

EDGE = {
    "browserName": "MicrosoftEdge",
    "version": "",
    "platform": "WINDOWS"
}

CHROME = {
    "browserName": "chrome",
    "version": "",
    "platform": "ANY",
    "javascriptEnabled": True,
}
```

图 3.6　DesiredCapabilities 类的源代码

从如图 3.6 所示源代码中可以非常清楚地看到，DesiredCapabilities 类包含了字典对象，其中每一个字典对象都包含了对应的 browserName、platform。为什么 Version 都是空的？其实答案就在代码注释里，如图 3.7 所示。

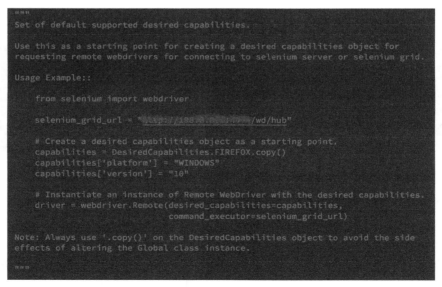

```
"""
Set of default supported desired capabilities.

Use this as a starting point for creating a desired capabilities object for
requesting remote webdrivers for connecting to selenium server or selenium grid.

Usage Example::

    from selenium import webdriver

    selenium_grid_url = "http://198.0.0.1:4444/wd/hub"

    # Create a desired capabilities object as a starting point.
    capabilities = DesiredCapabilities.FIREFOX.copy()
    capabilities['platform'] = "WINDOWS"
    capabilities['version'] = "10"

    # Instantiate an instance of Remote WebDriver with the desired capabilities.
    driver = webdriver.Remote(desired_capabilities=capabilities,
                              command_executor=selenium_grid_url)

Note: Always use '.copy()' on the DesiredCapabilities object to avoid the side
effects of altering the Global class instance.
"""
```

图 3.7　DesiredCapabilities 类的源代码注释

　　DesiredCapabilities 主要用于连接 Selenium Server 及 Selenium Grid。这里的注释提供了一个样例，当我们需要使用 Firefox 浏览器的时候，只需要使用 DesiredCapabilities.FIREFOX.copy 复制一个 Firefox 的字典对象，再将 platform 和 version 改成我们想要的设置，这里设置为 Windows 10 系统，最后将全新且完整的字典对象传入 Remote Webdriver 类的构造器中，即赋值给 desired_capabilities。

　　在上述实例，我们完全可以自己创建一个字典对象，直接传入 Remote Webdriver 类的构造器中。让我们来试试看，首先创建如下字典对象作为 DesiredCapabilities 对象。

```
caps = {"browserName": "chrome"}
```

　　caps 是一个非常简单的字典对象。通过这行代码，我们直接定义一个 browserName 项及 Chrome 浏览器，接着把它们传入 RemoteWebDriver 类的构造器中并初始化，实现代码如下。

```
driver = webdriver.Remote(
    command_executor = 'http://<server ip>:4444/wd/hub',
    desired_capabilities = caps)
```

　　在 server ip 中填入对应服务器的 IP 地址，就可以成功初始化了。完整的代码如下。

```
from selenium import webdriver
import time

caps = {"browserName": "chrome"}
driver = webdriver.Remote(
    command_executor = 'http://<server ip>:4444/wd/hub',
    desired_capabilities = caps)
driver.get("网站 URL")
time.sleep(2)
driver.quit()
```

　　注意，此处无须再导入 DesiredCapabilities 类，因为这里已经使用了自定义的字典对象来代替它。运行以上脚本，会成功打开 Chrome 浏览器，跳转到指定网络并最终关闭。

3.2.6　使用 Selenium Grid 进行跨浏览器测试

　　上一节已经介绍了如果利用远程服务器运行测试脚本，通过自行定义 caps 可以指定浏览器及版本等属性。但是，该功能仍然不够强大，如不能跨多台机器分布式执行测试或者跨浏览器多线程并发执行等。要实现上述功能，Selenium 提供了一个 Selenium Grid 工具。这个工具的主要作用是方便自动化测试，简单、快速地支持跨浏览器和跨操作系统的组合运行。利用 Selenium Grid，可以建立一个简单而强大的架构，可以快速搭建跨浏览器及操作系统的分布式测试环境，同时可以通过多线程并发运行的方式提高测试效率。

Selenium Grid 分为两个部分，分别是 Hub 和 Node。相信读者都知道 USB Hub 这个概念（不知道的请自行搜索）。在一些计算机子流上，一端是一个总线 USB，另一端会有 n 个子 USB 接口，用户可以很方便地直接在 USB Hub 上插拔子 USB，唯一的条件是保证总线 USB 成功连接到计算机即可，路由器上的 LAN 口也是这个道理。Selenium Grid 的 Hub 就是这样的一个总线接口，它可以支持各种 Node 的注册。Node 可以看作一个已指定浏览器与操作系统等配置的测试子节点，而 Hub 就是管理这些所有节点的"总管"。

1．Selenium Grid 的安装与配置

Selenium Grid 的安装很容易，利用 Standalone Server 的 jar 包，即可启动 Selenium Grid 的 Hub。命令如下。

```
java -jar selenium-server-standalone.jar -role hub
INFO - Launching Selenium Grid hub
```

运行以上命令后，如果看到图 3.8 所示的结果，就说明启动成功。

```
2017-07-15 19:33:04.677:INFO:osjs.Server:main: Started @1720ms
19:33:04.677 INFO - Nodes should register to http://192.168.1.235:4444/grid/register/
19:33:04.677 INFO - Selenium Grid hub is up and running
```

图 3.8　Selenium Grid 的 Hub 启动成功

如果最后一行输出 Selenium Grid hub is up and running，就说明 Hub 已经启动成功了。这里需要注意的是倒数第二行的 Nodes should register to http://<ip>: 4444/grid/register/，翻译过来的意思就是，可以直接通过这个地址在 Hub 上注册新节点。

紧接着，在 Node 端运行以下命令。

```
java -jar selenium-server-standalone-3.4.0.jar -role node -hub http://localhost:
4444/grid/register/
```

运行以上命令后，如果不出任何问题，会看到图 3.9 所示的结果。

```
18:17:44.235 INFO - Selenium Grid node is up and ready to register to the hub
18:17:44.252 INFO - Starting auto registration thread. Will try to register ev
ery 5000 ms.
18:17:44.253 INFO - Registering the node to the hub: http://localhost:4444/gri
d/register
18:17:44.269 INFO - The node is registered to the hub and ready to use
```

图 3.9　在 Node 端运行命令的结果

小提示

　　本例中 Hub 和 Node 是在同一台机器上的，如果需要跨机器绑定 Node，只需要将 localhost 替换成 Hub 机器的 IP（上面提到的 http://<ip>:4444/grid/register/地址）即可。

当 Hub 成功运行并绑定了相应的 Node 之后，如果读者尝试打开 http://localhost:4444/grid/console 这个地址，会出现图 3.10 所示的结果。

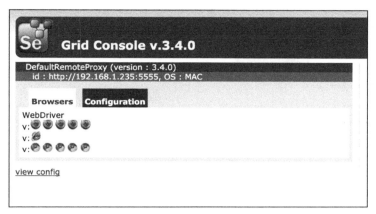

图 3.10　Grid 控制台中的结果

如图 3.10 所示，Grid 控制台显示所有当前可获得的浏览器支持，这个是默认状态下的配置。我们也可以自定义需要的浏览器，方法非常简单，只需要在注册 Node 的命令行中加入一个新的参数 "-browser" 即可。例如，当我们希望一个 Node 仅支持 Safari 浏览器时，就可以使用 "-browser browserName=safari"。最后的命令如下。

```
java -jar selenium-server-standalone-3.4.0.jar -role node -hub
http://localhost:4444/grid/register/ -browser browserName=safari
```

运行以上命令之后，打开 http://localhost:4444/grid/console 链接，会看到图 3.11 所示的结果，在列表里仅仅有一个 Safari 浏览器图标，表示仅支持 Safari 浏览器。

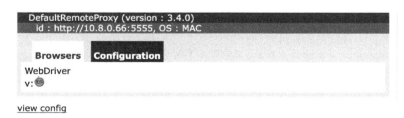

图 3.11　Grid 控制台只显示 Safari 浏览器的图标

当然，也可以添加多个浏览器的支持。同样使用 " browser" 这个参数，在注册 Node 的命令中，只需要以多次重复的方式来添加不同的浏览器支持即可。最后的命令如下。

```
java -jar selenium-server-standalone-3.4.0.jar -role node -hub http://localhost:
4444/grid/register/ -browser browserName=safari -browser browserName=firefox
```

如果再次打开 http://localhost:4444/grid/console 链接，Grid 控制台多了一个 Firefox 浏览器的图标，如图 3.12 所示。

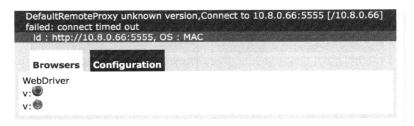

图 3.12　Grid 控制台显示 Safari 和 Firefox 浏览器的图标

2.　测试脚本运行

当所有配置完成之后，就可以尝试在 Grid 服务器上执行测试脚本了。首先，导入 unittest 单元测试框架，并从 Selenium 导入 WebDriver。然后，声明 setUp 及 tearDown。实现代码如下。

```python
import unittest
from selenium import webdriver
class Grid(unittest.TestCase):
    def setUp(self):
        url = 'http://localhost:4444/wd/hub'
        desired_caps = {}
        desired_caps['browserName'] = 'firefox'
        self.driver = webdriver.Remote(url, desired_caps)

    def tearDown(self):
        self.driver.quit()

    def test_page_loaded(self):
        driver = self.driver
        driver.get(' Mercury Tours 登录页面')
        assert driver.title == 'Welcome: Mercury Tours'

if __name__ == "__main__":
    unittest.main()
```

此处 setUp 方法同样使用远程方式连接到 Grid 服务器，并通过 desired_caps['browserName'] = 'firefox' 告诉 Grid 需要调用 Firefox 浏览器并执行测试脚本。Selenium Grid 一旦接收了指令，就会找对应的 Node 并对其进行调用。

对于 Selenium Grid 来说，它可以注册多个 Node。脚本调用层只需要定义 Hub 的地址和端口即可，完全不用关心每一个 Node 的 IP 地址和端口是多少。这里唯一要做的就是把包含正确 key 的 desire_caps 对象传递给 Remote 对象即可。这样做的好处很明显，Hub 端可以随意添加新的 Node 且不影响脚本层，而脚本层也只需要设置或者以配置文件的方式增加新的 desired_caps 即可。即使不知道被添加 Node 的任何连接信息，也能很容易地对其进行集成。

3.2.7　Sauce Labs——想你所想，无所不能

Sauce Labs 是一家于 2008 年 8 月创立的、专门提供云端自动化测试虚拟平台的公司，创始人分别为 Steven Hazel、John Dunham 及 Selenium 的缔造者 Jason Huggins。

Sauce Labs 直至今日仍然是行业中的佼佼者，用户可以轻易地在 Sauce Labs 云端模拟出一个 Mac 操作系统上的 Safari 10.0 版本浏览器，并在云端运行测试脚本。Sauce Labs 是一种基于操作系统平台、浏览器平台及移动设备平台任意组合的先进虚拟环境构建系统。下面介绍 Sauce Labs 的功能。

1. 准备工作

Sauce Labs 虽然不是一个免费的平台，但支持用户注册开源账号。如图 3.13 所示，用户最多可以使用 5 个并发虚拟机及两个子账户。自动化测试和手工测试可无限制使用，虽然限制不少，但一个免费账号对于我们学习如何使用 Sauce Labs 来说已经绰绰有余。

注册完成后，直接登录就可以看到左边栏的 Dashboard、Manual tests、Tunnels 及 Analytics 等菜单（见图 3.14），这样准备工作就完成了，接下来可以开始体验 Sauce Labs 了。

图 3.13　Sauce Labs 开源账号所提供的权限

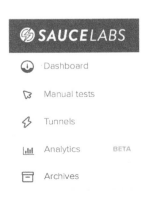

图 3.14　登录 Sauce Labs 后的菜单

2. 利用 Sauce Labs 进行手动测试

如图 3.14 所示，当单击 Manual tests 之后，Sauce Labs 会自动打开 New Session 对话框。这个对话框的信息量并不大，用户可自由地选择被测的 URL、对应的被测平台、浏览器版本的组合，以及分辨率（见图 3.15）。整个操作过程非常简单，用户只要一看到界面就知道如何操作。

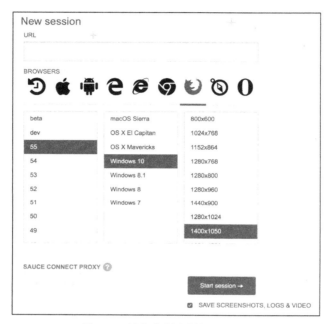

图 3.15　创建手动测试的配置组合

如图 3.15 所示，直接输入想要测试的 URL，单击 Start session 按钮（记得选中 SAVE SCREENSHOTS,LOGS & VIDEO 选项，这样才能保存截图日志及回放视频）。然后等待片刻，一个全新的 Windows 10 环境下的 Firefox 55 就自动生成。

此外，Sauce Labs 还会为用户自动跳转到对应的 URL 并设置对应的分辨率，接着就可以开始手动测试了。测试完毕后，在界面右上方单击"结束"按钮可以直接结束整个 Session。

在完成测试之后，往往我们需要相应的视频和日志以供后续查看。关于这一点，Sauce Labs 也考虑到了。返回主界面后，单击左边的 Dashboard，在右边选择 Manual Tests 标签页即可看到刚才测试的 Session 记录，如图 3.16 所示。

如图 3.16 所示，找到之前手动测试的那个 Session，单击它，即可查看之前的视频和日志。

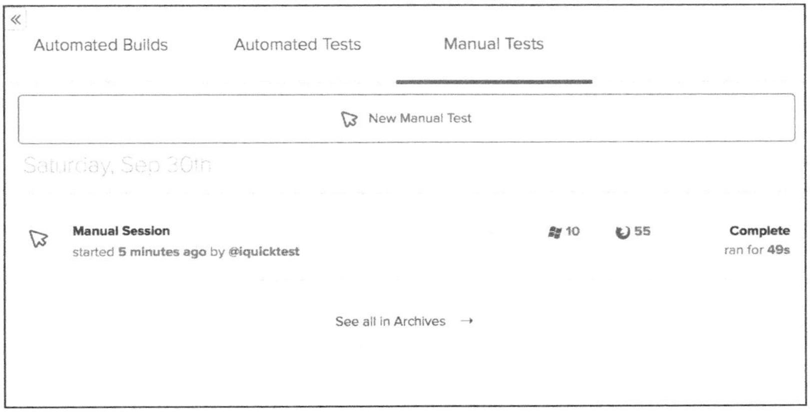

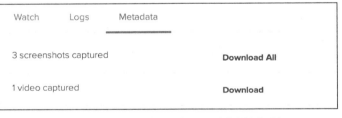

图 3.16　支持回看 Session 记录

对于 Mac 用户，如果看不到视频，则需要为正在使用的浏览器加载正确的 Flash 浏览器插件，因为视频格式是 FLV。另外，对于每一个测试操作，Sauce Labs 还会提供一个截图，在结果页面中切换到 Metadata 标签页，即可直接下载对应的截图和回放视频，如图 3.17 所示。

图 3.17　用户可以自由下载运行时截图和视频

看了以上实例后，一部分读者可能会有一个疑问。试想公司现有一项目已经到了准备测试阶段，项目发布之前肯定要把项目放在测试环境上进行测试，而大多数公司的测试环境只允许公司内部人员访问，但 Sauce Labs 创建的每一个虚拟环境都是通过公网访问的，它并不能访问公司内部的网络环境，这就直接导致我们无法使用这套环境进行测试。

为了解决此疑问，Sauce Labs 提供了一项功能——Sauce Connect Proxy。下面一起看一下这项功能的具体使用方式。

在使用 Sauce Connect Proxy 之前，先了解什么是 Sauce Connect Proxy。

如图 3.18 所示，在创建 Session 界面的左下角单击 SAUCE CONNECT PROXY 旁边的问号 "？" 按钮，会得到 Sauce Labs 对它的解释 "Sauce Connect Proxy allows you test on localhost or behind the firewall.”。对这个英文句子的简单解释就是，Sauce Connect Proxy 允许用户在本地的主机上进行测试。那么现在我们可以明确的是，它可以让 Sauce Labs 的虚拟机成功连接到被测环境中的网络并进行测试。

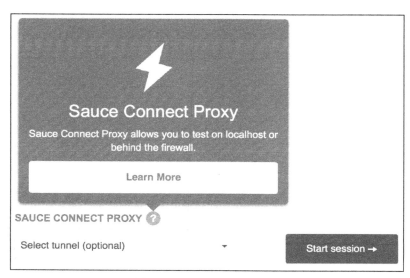

图 3.18　Sauce Connect Proxy

Sauce Connect Proxy 究竟是如何工作的呢？下面来看具体的实现步骤。

（1）到 Sauce Labs 官方网站下载新的 Sauce Connect Proxy 工具包，如图 3.19 所示。

Download Sauce Connect

Check out Sauce Connect Proxy Change Logs for information about features and fixes in each release of Sauce Connect Proxy

Latest Stable Release

4.4.9

Download Link	SHA1 Checksum
Download Sauce Connect v4.4.9 for OS X 10.8+	80720ce6640a000d6d0fa84e8f4d692b90918f91
Download Sauce Connect v4.4.9 for Windows 7+	4ecdacbb8b25f62308a4a39c624bf1e1dc3fde45
Download Sauce Connect v4.4.9 for Linux	733745d519cde6def195878140340ecb806cdf21
Download Sauce Connect v4.4.9 for Linux 32-bit	7add5bee0fce38a008909cdc75522063e6f45f0b

› Click here to download past stable releases of Sauce Connect Proxy...

图 3.19　Sauce Connect Proxy 工具包下载界面

官方提供了 OS X、Windows 及 Linux 版本的安装工具包，用户可自行下载对应的版本。下载完成后先解压下载的文件，会得到图 3.20 所示的文件。

（2）使用命令行工具进入这个目录，直接运行一条命令行，即可启动 Sauce Connect Proxy 服务，具体命令如下。

对于 Mac 用户，可使用以下命令。

```
bin/sc -u YOUR_USERNAME -k YOUR_ACCESS_KEY
```

对于 Windows 用户，可使用以下命令。

```
bin\sc -u YOUR_USERNAME -k YOUR_ACCESS_KEY
```

第一个参数-u 是在 Sauce Labs 上注册的用户名，直接替换 YOUR_USERNAME 即可。第二个参数-k 是对应用户名在 Sauce Labs 上的一个 Key ID。在登录 Sauce Labs 后，单击右上角的用户名下拉列表，然后选择 User Settings 选项（见图 3.21）。接着用户会看到 User Information（用户信息）、Email Settings（邮箱设置）及我们需要的 Access Key（密钥），如图 3.22 所示。

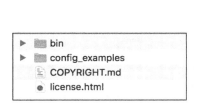

图 3.20　工具包解压后的文件　　　　图 3.21　选择 User Settings 选项

图 3.22　Access Key

如图 3.22 所示，Sauce Labs 在用户注册后就创建好了一个 Access Key。这里需要注意两点。这两点很重要，希望读者谨记。

第一，这个密钥不要随意与他人分享，否则别人可以随意使用你的账号。后续在 Sauce Labs 上进行自动化测试也会使用这个密钥，因此这个密钥非常重要，希望各位保管好自己的密钥。

第二，读者一定看到了那个红色按钮（真实界面上可看到），上面写着 Regenerate Access Key，意思是重新生成密钥，那这个按钮为什么是红色呢？Warning： Regenerating your access key will require update your access key value throughout your configuration. Commands containing your old access key will fail.”这句话就是告诉用户，如果单击了这个按钮，那么旧的密钥就会完全失效从而无法继续使用，因此这里必须谨慎。一般情况下，只有密钥泄露了才会使用这个选项。

默认状态下，密钥是不可见的。要查看密钥，单击 Show 按钮，并输入登录密码即可。在获取密钥以后，即可直接运行刚才的命令行，如图 3.23 所示。

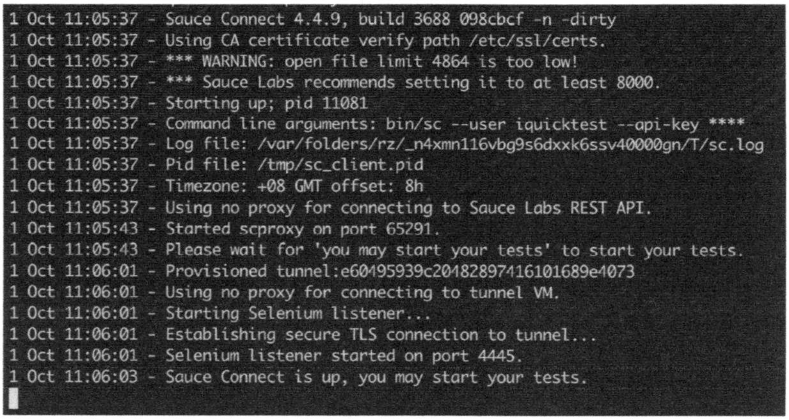

```
1 Oct 11:05:37 - Sauce Connect 4.4.9, build 3688 098cbcf -n -dirty
1 Oct 11:05:37 - Using CA certificate verify path /etc/ssl/certs.
1 Oct 11:05:37 - *** WARNING: open file limit 4864 is too low!
1 Oct 11:05:37 - *** Sauce Labs recommends setting it to at least 8000.
1 Oct 11:05:37 - Starting up; pid 11081
1 Oct 11:05:37 - Command line arguments: bin/sc --user iquicktest --api-key ****
1 Oct 11:05:37 - Log file: /var/folders/rz/_n4xmn116vbg9s6dxxk6ssv40000gn/T/sc.log
1 Oct 11:05:37 - Pid file: /tmp/sc_client.pid
1 Oct 11:05:37 - Timezone: +08 GMT offset: 8h
1 Oct 11:05:37 - Using no proxy for connecting to Sauce Labs REST API.
1 Oct 11:05:43 - Started scproxy on port 65291.
1 Oct 11:05:43 - Please wait for 'you may start your tests' to start your tests.
1 Oct 11:06:01 - Provisioned tunnel:e60495939c20482897416101689e4073
1 Oct 11:06:01 - Using no proxy for connecting to tunnel VM.
1 Oct 11:06:01 - Starting Selenium listener...
1 Oct 11:06:01 - Establishing secure TLS connection to tunnel...
1 Oct 11:06:01 - Selenium listener started on port 4445.
1 Oct 11:06:03 - Sauce Connect is up, you may start your tests.
```

图 3.23　运行命令，准备开始测试

启动后看到 Sauce Connect is up, you may start your tests 这一行日志，就说明 Sauce Connect Proxy 已经成功启动了。那么如何在 Sauce Labs 端验证已经可以成功连接到启动的 Sauce Connect Proxy 服务了呢？其实非常简单，只需要在登录 Sauce Labs 后，在左侧栏中选择 Tunnels，就会发现刚才启动的 Sauce Connect Proxy 已经显示在页面中，如图 3.24 所示。

当前有一个被激活的 Sauce Connect Proxy 可用，不过因为此处没有为刚才创建的 Tunnel 命名（注意，一旦启动了一个 Sauce Connect Proxy，Sauce Labs 就会检测到之前启动的 Sauce Connect Proxy，而在 Sauce Labs 端它们统一称为 Tunnel，每一个 Tunnel 连接到一个已启动 Sauce Connect Proxy 的环境），所以网页中直接显示了 Unnamed tunnel。如果需要加入名称，只需要增加一个参数即可。命令如下。

```
bin/sc -u YOUR_USERNAME -k YOUR_ACCESS_KEY -i selenium
```

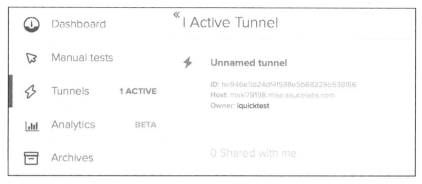

图 3.24　启动的 Tunnel

运行以上命令后，即可看到 Tunnel 的名称了。这样做的好处是，如果需要安装多个 Sauce Connect Proxy，则用户可以很容易地区分 Tunnel 到底连接到哪一个环境中了。

如图 3.25 所示，一旦加上-i 参数后，即可显示相应的名称，用户就可以非常容易地识别自己创建的 Tunnel 了。此时如果再次尝试创建一个新的手动测试的 Session 界面，用户就可以自由选择对应的已经创建好的 Tunnel，如图 3.26 所示。

图 3.25　Tunnel 的名称

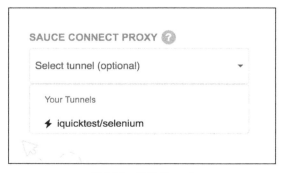

图 3.26　选择 Tunnel

一旦选择了对应的 Tunnel 之后，用户在单击 Start session 按钮后，就可以直接访问对应 Tunnel 的环境了。

3. 利用 Sauce Labs 进行自动化测试

之前讲了 Sauce Labs 的基本知识及手动测试的方式，相信读者已经对 Sauce Labs 有一个大体的了解，知道如何从 Sauce Labs 创建一个自定义的虚拟环境并进行测试。下一步自然是在用 Sauce Labs 创建的环境当中运行自动化测试脚本，不过其操作流程与之前手动测试的方式有区别。下面进行详细讲解。

读者应该还记得，前面讨论了通过登录 Sauce Labs 并单击左侧的 Manual tests，接着选取需要定义的环境即可进行测试。而如果我们需要进行自动化测试，这样的步骤就显得太过烦琐。另外，如果每一次运行自动化测试脚本之前都需要手工完成这些步骤就太麻烦了，并且这种方式无法应用在持续集成测试中，因此 Sauce Labs 提供了一种方式，可以让用户使用脚本的方式自动建立 Session 虚拟环境。具体请看如下代码实例。

```python
import unittest
from selenium import webdriver
class SaucelabsExample(unittest.TestCase):
    def setUp(self):
        caps = {'browserName': "chrome"}
        caps['platform'] = "macOS 10.12"
        caps['version'] = "51.0"
        self.driver = webdriver.Remote(
            command_executor='http://SAUCE_USERNAME:SAUCE_ACESS_KEY@ondemand.saucelabs.
            com:80/wd/hub',
            desired_capabilities=caps
        )

    def tearDown(self):
        self.driver.quit()

    def test_page_loaded(self):
        driver = self.driver
        driver.get(' Mercury Tours 登录页面')
        assert driver.title == 'Welcome: Mercury Tours'

if __name__ == "__main__":
    unittest.main()
```

在运行这段脚本之前，我们首先分析一下此脚本具体做了什么。读者可以看到脚本里首先定义了一个 caps 对象，这个 caps 对象定义了 browserName（浏览器名称）、platform（具体的操作系统）和 version（具体的版本号）。

为什么 platform 后面跟着 "macOS 10.12"？用户怎么知道测试的什么平台呢？其实 Sauce Labs 已经为我们准备好了 platform 的配置，我们需要做的就是进入 Sauce Labs

网站的"/display/DOCS/Platform+Configurator#/"页面，然后根据需要自行选择对应的
浏览器、操作系统及版本号，如图 3.27 所示。

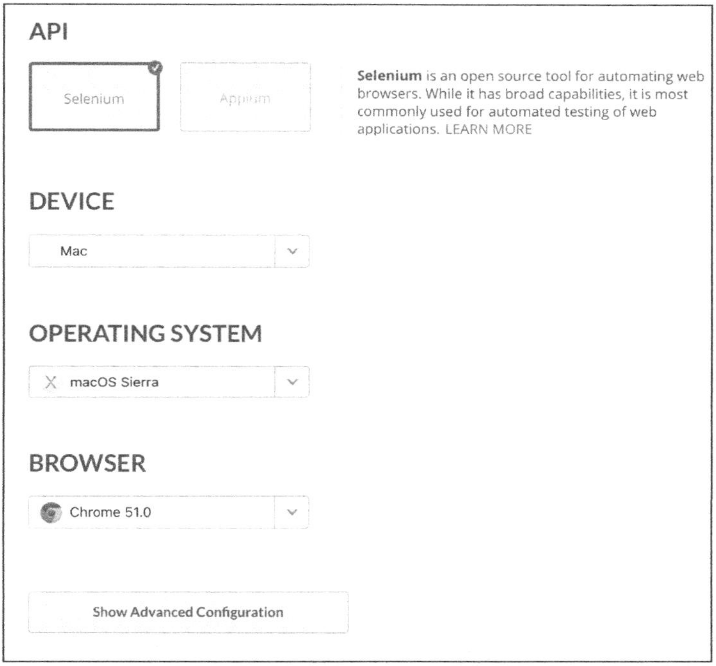

图 3.27　选择平台的配置

根据需求选择所有选项，并在界面底部的 COPY CODE 栏处选择对应的语言后，
Sauce Labs 就会自动生成好对应语言的部分代码。此处使用的是 Python 语言，因此可以
选择 python，如图 3.28 所示。

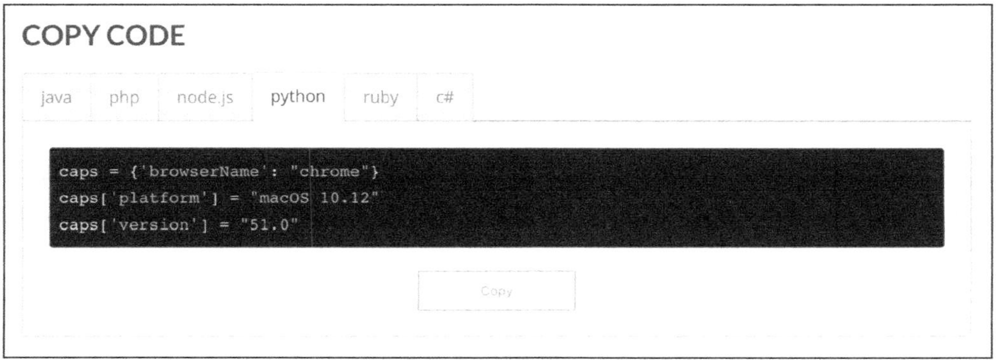

图 3.28　自动生成的部分 Python 代码

如图 3.28 所示，我们得到了之前所有的配置信息的代码，而且可以保证其正确性，因为代码是由 Sauce Labs 官方生成的。

接下来的事情就比较简单了，读者只需要尝试复制以上完整脚本，并将 SAUCE_USERNAME 与 SAUCE_ACCESS_KEY 替换成自己之前注册的用户名和 ACCESS_KEY（之前已经讲解过如何获取这个密钥，此处不再重复讲解）。替换完成后，保存文件为 saucelabs_demo.py。最后运行以下命令行。

```
python saucelabs_demo.py
```

运行以上命令后并等待一段时间，得到的结果如图 3.29 所示。

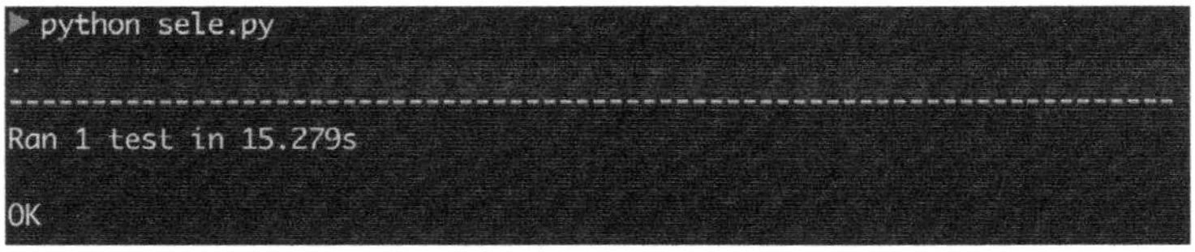

图 3.29　Python 文件成功运行的结果

一共包含 1 个 test，运行了约 15s。下面我们在 Sauce Labs 页面中检查一下刚才的运行结果。首先登录 Sauce Labs 并打开 Dashboard，然后选择 Automated Tests 标签页，接着会看到图 3.30 所示的结果。

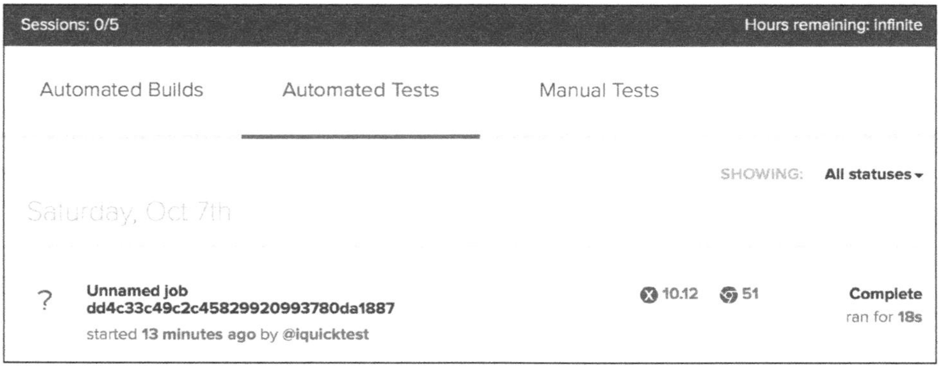

图 3.30　自动化测试结果

如图 3.30 所示，此处会自动生成一条新的记录，可以看到右边显示的系统版本号和浏览器的版本与脚本中定义的完全对应。单击 SHOWING 按钮，打开页面后会看到图 3.31 所示的界面。

如图 3.31 所示，用户可以看到每一个操作步骤对应的截图，并且 Sauce Labs 加入了回放的功能。只需要单击 Play 按钮，刚才执行的测试就会自动回放，且在回放过程中实时对应到 Selenum 每一次操作的 Command。

图 3.31　自动化测试结果的具体信息

这里强烈推荐读者使用 Commands 这个标签页进行回放，因为 Watch 标签页下有两个缺点：第一个缺点是 Watch 页面必须要安装 Flash 才可以观看视频，第二个缺点是一旦出现了问题，无法快速地定位到具体问题出现在哪一步。

之前在 Sauce Labs 的 Automated Tests 标签页截图中显示的是 Unnamed job，其实严格来说，如果没有为测试项目定义一个合理的名称，日后查看日志时容易弄混，找不到对应的测试。

那么如何为测试项目定义一个名称呢？答案很简单，只需要在定义 caps 对象时，定义一个 name 属性即可。测试脚本如下。

```python
import unittest
from selenium import webdriver
class SaucelabsExample(unittest.TestCase):
    def setUp(self):
        caps = {'browserName': "chrome"}
        caps['platform'] = "macOS 10.12"
        caps['version'] = "51.0"
        caps['name'] = "selenium_demo"
        self.driver = webdriver.Remote(
            command_executor='http://SAUCE_USERNAME:SAUCE_ACESS_KEY@ondemand.saucelabs.
            com:80/wd/hub',desired_capabilities=caps
        )

    def tearDown(self):
```

```
            self.driver.quit()

    def test_page_loaded(self):
        driver = self.driver
        driver.get(' Mercury Tours 登录页面')
        assert driver.title == 'Welcome: Mercury Tours'

if __name__ == "__main__":
    unittest.main()
```

在运行以上代码后，就可以看到 Sauce Labs 中出现了 selenium_demo 这个名字，如图 3.32 所示。

图 3.32　定义并显示自动化测试项目的名称

这样，当运行多个测试脚本的时候，通过名称可以方便地辨别每一个 Session 对应的测试用例。

在图 3.31 所示的界面中，另外两个标签页 Logs 和 Metadata 又有什么作用呢？

Logs 其实是一个相当重要的功能，当用户选择 selenium-server.log 选项后，即可查看测试脚本运行时 Selenium 服务器的整个日志，如图 3.33 所示。

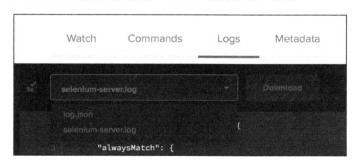

图 3.33　查看日志

在选择 Logs 之后，即可看到当前测试的一些具体的日志，如图 3.34 所示。包括客户端的请求及服务器端的响应都一目了然。当测试出现错误的时候或者需要定位测试脚本到底哪里出现问题时，这个功能是非常有帮助的，同时它还提供了日志下载功能。

Metadata 标签页包含了 Session 的所有配置信息。通过 Metadata 可以查看运行时间等参数，或者下载截图及视频等，总体来说较常用的还是 Commands 和 Logs。

```
[4.382][INFO]: resolved localhost to ["::1","127.0.0.1"]
[4.385][INFO]: Waiting for pending navigations...
[4.399][INFO]: Done waiting for pending navigations. Status: ok
[4.605][INFO]: RESPONSE SetWindowPosition
[4.608][INFO]: COMMAND SetWindowSize {
    "height": 768,
    "width": 1024,
    "windowHandle": "current"
}
[4.827][INFO]: RESPONSE SetWindowSize
[4.831][INFO]: COMMAND MaximizeWindow {
    "windowHandle": "current"
}
[5.012][INFO]: RESPONSE MaximizeWindow
[5.015][INFO]: COMMAND GetWindows {

}
[5.015][INFO]: RESPONSE GetWindows [ "CDwindow-8C4E4E1B-B8B4-4017-97DF-B659129D30D5" ]
[5.368][INFO]: COMMAND Navigate {
    "url": "http://newtours.demoaut.com"
}
[5.368][INFO]: Waiting for pending navigations...
[5.369][INFO]: Done waiting for pending navigations. Status: ok
[6.441][INFO]: Waiting for pending navigations...
[6.881][INFO]: Done waiting for pending navigations. Status: ok
[6.881][INFO]: RESPONSE Navigate
[7.328][INFO]: COMMAND GetTitle {
```

图 3.34　具体日志信息

3.3　Appium 移动端自动化测试工作机制

3.3.1　Appium 的运作原理

很多读者看到这个标题可能不太能理解，提出这样的疑问：既然已经知道如何使用 Appium 了，为什么还需要知道 Appium 的运作原理？何必了解那么细致？

试想一下，当你发现 Appium 客户端脚本出现了一些复杂的错误时，或者当你的服务器返回了一个从未见过的错误时，如果不知道 Appium 的运作原理，那么解决这些问题就可能多走很多弯路。但是如果你懂 Appium 基本的运作原理，知道 Appium 的整个工作流程，或许你就会找到解决方法的切入点。一旦你深入了解了 Appium 的运作原理，你对问题的判断会更准，解决思路会更加清晰。

当然，另一个更重要的用处就是应对面试。你会发现很多面试官也很喜爱问这类问题。往往面试官考察原理问题并不是真的想知道你是否懂得原理，而是想借助这个问题来变相了解你对技术的求知欲。测试工程师如果对技术没有任何的钻研精神，那就很难有足够多的自我驱动力去保持学习的热情，而这一点正是测试程序员最需要的。

1．Appium 与 Selenium 之间的关系

Appium 之所以如此流行，原因之一是它与 Selenium WebDriver 一样使用了 JSON Wire Protocol 与服务器进行通信，并完成 UI 的自动化测试。因此，只要是有 Selenium 经验的测试人员，就可以快速上手 Appium，唯一需要了解的是移动端的一些特有的知识，但是总体上脚本的设计结构和编写理念都是一样的。

Appium 在 iOS 端的运作原理图如图 3.35 所示。

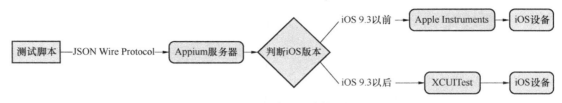

图 3.35　Appium 在 iOS 端的运作原理

从流程图可以看到，首先测试脚本通过 JSON Wire Protocol 与 Appium 服务器通信，Appium 服务器收到请求后会调用对应的自动化驱动器，最后通过这个驱动器完成 iOS 设备的自动化测试过程。这里的驱动器可以理解为 Selenium 多浏览器中的不同驱动器，如 ChromeDriver、IEDriver 等。每个浏览器都有自己的驱动器，然后通过驱动器去驱动对应的浏览器。而 Appium 也是同样的道理，对于 iOS 9.3 之前的版本来说，Apple 官方提供的是 UIAutomation 接口，Appium 对应的驱动器称为 appium-ios-driver，此驱动器主要是为早期 UIAutomation 接口开发的。而 iOS 9.3 版本之后，Apple 开始逐渐放弃了 UIAutomation 接口，转而支持 XCUITest 全新的接口，到 iOS 10 版本，Apple 直接彻底废弃了 UIAutomation 接口，完全转为支持 XCUITest 自动化接口。因此，如果你的 iOS 设备已经是 iOS 10 版本以上，那么你将无法使用 appium-ios-driver 这个驱动器来自动测试 iOS 设备，因为 UIAutomation 已经无法在 iOS 10 上自动测试 iOS 设备了，必须转为 Appium 全新开发的 XCUITest 驱动器。

提示

其实 XCUITest 驱动器在对控件进行自动化测试时，是由 WDA 负责进行代理操作的。WDA 全称为 WebDriverAgent，由 Facebook 开源并管理，本质就是一个 WebDriver 服务器，可以轻松对 iOS 进行自动化测试。也就是说，即使没有 XCUITest 驱动器，用户只要对向 WDA 服务器发送正确的请求，即可直接自动测试 iOS，而 XCUITest 驱动器其实只是基于 WDA 再封装了一层，并更好地与 Appium 结合，供测试人员使用。下面会详细讲解有关 WDA 的知识，这里先让读者有一个初步的认识。

Appium 在 Android 端的运作原理如图 3.36 所示。

图 3.36　Appium 在 Android 端的运作原理

同样的原理，Android 平台，也是通过 JSON Wire Protocol 与 Appium 服务器进行通信的，但是使用的驱动器与 iOs 平台的不同。Appium 提供了 appium-uiautomator2-driver，主要用于 Android 官方的 UIAutomator2 接口，Appium 通过调用此接口实现 Android 平台的自动化测试。

> **提示**
>
> 　其实早期 Android 并不是使用 UIAutomator2 驱动器对 Android 进行自动化操作的。在 Android 4.1 之前，Appium 提供了 appium-selendroid-driver，用于早期 Android UI 的自动化测试，包括之前的 UIAutomator（UIAutomator2 的上一代）。如今，Appium 用 appium-android-driver 代替了 UIAutomator2，Android 官方强烈推荐测试人员使用 UIAutomator2 库代替旧的驱动器，且不再对早期的驱动器进行维护与更新。

当前 Appium 还有 Android 平台提供了另一个驱动器选项，库名为 appium-espresso-driver，截至目前它还处于 Beta 测试阶段。UIAutomator 与 Espresso 究竟应该选择哪一个？作者一直使用 UIAutomator2 进行自动化操作，对 Espresso 也只是略知一二。二者的对比如图 3.37 所示。

> 29
>
> UIAutomator – is powerful and has good external OS system integration e.g. can turn WiFi on and off and access other settings during test, but lacks backward compatibility as it requires Jelly Bean or higher. But, also lacks detailed view access so one could say it may be more of a pure black-box test. Where as Espresso has access to view internals (see below). This is recommended on developer.android.com for "Testing UI for Multiple Apps"
>
> Espresso - is a bit more light weight compared to ui automator and supports 2.2 Froyo and up it also has a fluent api with powerful hamcres　　　　　　　　） integration making code more readable and extensible (it is newer than UI automator). It does not have access to system integration tests but has access to view internals e.g. can test a webview (useful for Hybrid app testing, or webview heavy testing). Slightly more grey-box testing compared to UI Automator. This is recommended on developer.android.com for "Testing UI for a Single App". As of Android Studio 2.2 this now offers UI test recording (like UIAutomator)

图 3.37　UIAutomator 与 Espresso 的对比

图 3.37 中的大致意思是，UIAutomator 的功能非常强大，具有非常好的系统级集成功能，在软件测试过程中，可以打开 Wi-Fi，可以修改设置，但是不支持向下兼容，本身只支持 Jelly Bean 以上的版本，一般推荐在需要测试多个 App 时使用；而 Espresso 比 UIAutomator 更加轻量，并且它可以测试 Webview 及混合 App，但是其本身无法完成系

统级操作，因此通常推荐在测试单个 App 时使用。

2. Appium 在 Windows 及 Mac 上的应用

Appium 除了提供移动端的驱动器以外，还为 Windows 及 Mac 提供了对应的驱动器，对桌面端的 App 进行自动化测试。Windows 对应 appium-windows-driver 代码库，Mac 则对应 appium-mac-driver，感兴趣的读者可以直接从 GitHub 上查看详细使用步骤，本节主要介绍移动领域的部分，因此这里不展开详解。

3.3.2　iOS 自动化测试的好帮手——XCUITest

Appium 之所以可以做 iOS 上的自动化测试，是因为它主要通过调用 Apple 原生提供的 XCUITest 接口对 UI 上的控件进行自动化测试。Appium 有很多优势。

（1）易用、跨平台。

（2）使用 JSON Wire Protocol。

（3）支持远程分布执行。

（4）支持市面上多数开发语言。

XCUITest 也有自己得天独厚的优势。

（1）原生支持 Apple 系统，可第一时间支持新 iOS。

（2）性能稳定，速度快。

（3）支持录制。

首先，我们看 XCUITest 的第一大优势，即原生支持 Apple 系统。XCUITest 是 Apple 公司开发的，每次都可以得到 Apple 公司官方第一时间的更新，而 Appium 则需要在一定时间后才支持最新的 XCUITest 接口更新，特别是对于每年新发布的 iOS，Appium 往往需要等待很长一段时间才能支持最新的 iOS，并且即使支持了最新的 iOS，也会存在有不少 Bug。

另外，XCUITest 在执行速度上也比 Appium 快很多，并且非常稳定。如果 Appium 每执行一个操作，都需要发送一个请求给 Appium 服务器，通过 Appium 服务器再次发送一个请求给 WebAgent 服务器，最后通过 WebAgent 服务器调用对应的 XCUITest 接口从而完成一个自动化测试操作过程，整个过程需要用到 2 次网络请求及 3 次信息传递，因此整体性能肯定会受到很大影响。

最后一个原因也是一个极其重要的原因，虽然脚本录制一直都不是高级测试工程师所需要的一项功能，但是刚入门 XCUITest 的测试人员完全可以通过录制功能快速地学习和提高，高级测试工程师可以快速地录制代码块并对其结构进行修改，从而适配到自己的测试框架中。

使用 XCUITest 的准备工作如下。

（1）确保 Mac 安装了最新的 Xcode。

（2）确保有一个现成的 Xcode Project。

如果自己学习，通常建议下载并安装最新的 Xcode，毕竟 Xcode 可以向下兼容。如果出于需要，要考虑项目使用的 Xcode 版本，尽量保持版本一致，因为采用不同的版本，iOS 编译可能会不通过。接下来需要准备的是现有的 Xcode 项目，如果没有项目也没关系，可自行从网上下载样例程序或者自己新建一个简单的程序。待一切准备工作就绪，即可根据以下步骤开始一个新的 XCUITest 测试。

（1）创建一个 UI Testing Target。

操作步骤如下。

① 使用 Xcode 打开一个已有的项目。

② 按顺序依次选择 File→New→Target 选项。

③ 在 Choose a template for your new target 窗口中选择 iOS UI Testing Bundle 选项。

④ 单击 Next 按钮（见图 3.38）。

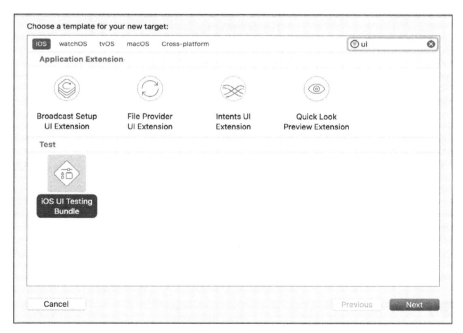

图 3.38　创建 UI Testing Target

⑤ 在 Choose options for your new target 窗口中选择所需 Team 和相关信息，配置 Target 信息，如图 3.39 所示。

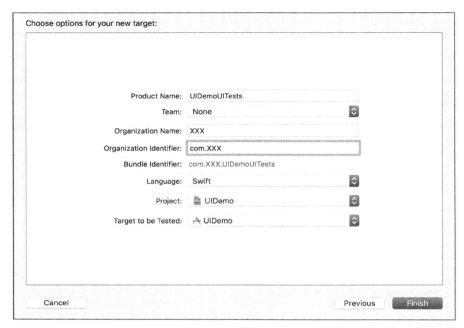

图 3.39　配置 Target

⑥ 单击 Finish 按钮，至此，新的 Test Target 即创建完毕。

（2）创建 UI Test 文件。

操作步骤如下。

① 选择需要创建文件的文件夹。

② 右击该文件夹，在弹出的快捷菜单中选择 New File 命令。

③ 在 Choose a template for your new file 窗口中选择 UI Test Case Class 选项。

④ 单击 Next 按钮（见图 3.40）。

⑤ 填写完类名后，单击 Next 按钮。

⑥ 选择一个想要创建的文件路径。

⑦ 创建完成的 UI Test 类文件会自动生成一部分代码，通常包含 setUp、tearDown 和 testExample 方法。

提示

所有新建的测试方法必须以 test 开头，否则方法不会被视作测试方法，也不会执行。这一点和大多数测试框架是一样的，有 XUnit 测试经验的读者对这一点一定不会陌生。

图 3.40　创建界面自动化测试类

（3）录制、生成与回放脚本。

一旦创建好了 UI Test 文件及测试方法后，即可使用 Xcode 原生支持的 UI 录制工具录制、生成测试脚本。如果需要开始录制，只需要单击底部的红色按钮即可，如图 3.41 所示。

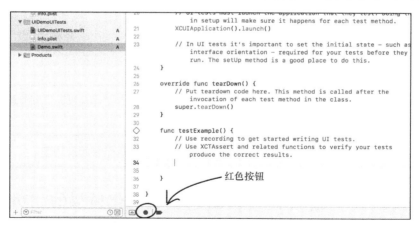

图 3.41　支持脚本录制功能

此处需要注意一点，必须把光标停留在测试方法脚本内。如果光标不在测试方法脚本内，则红色按钮处于 Disable 状态，无法激活录制功能，这一点希望读者记住。

单击红色按钮之后，Xcode 会首先启动 Simulator 或者真机，这个过程可能会持续一段时间，接着会看到被测应用自动打开。此时 App 内的每一个操作都会被录制下来，并且录制内容被放入之前光标所定位的测试方法脚本内。

　　脚本录制后生成的代码如图 3.42 所示，该代码很容易阅读。根据上面代码，你能明白脚本做的事情是：首先获取 textField 对象，然后进行单击操作，接着输入内容 hello。

```
func testExample() {
        // Use recording to get started writing UI tests.

    let app = XCUIApplication()
    let textField = app.otherElements.containing(.switch,
        identifier:"1").children(matching: .textField).element
    textField.tap()
    textField.typeText("hello")
```

图 3.42　录制后生成的代码

（4）进行 UI 测试。

Xcode 在此处提供了 3 种运行方式。

- 直接打开 Product→Test 运行或者使用快捷键 Command + u 运行所有测试脚本。
- 在打开的界面的左边栏单击第 6 个图标，打开 Test 导航栏窗口，被选中的那一行前面会出现一个三角形图标，单击该图标即可运行测试脚本。如果当前测试集比较大，当出现一些失败测试时，可以选择性运行 UI 测试，如图 3.43 所示。
- 直接在脚本编辑窗口中单击"运行"按钮，如图 3.44 所示。

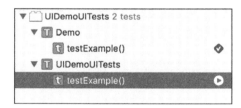

图 3.43　选择性运行 UI 测试

图 3.44　单击"运行按钮"，运行脚本

 提示

　　Xcode 的录制和回放功能不仅支持模拟器，而且支持真机录制及回放。

3.3.3　WebDriverAgent——搭建 iOS 自动化桥梁的"功臣"

WebDriverAgent 在 Appium 的 iOS 自动化测试中起着举足轻重的作用，下面就揭开这位"幕后英雄"的真面目。

1. 什么是 WebDriverAgent

按照官方 GitHub 的解释，WebDriverAgent 是一种基于 WebDriver 协议实现的可远程控制 iOS 模拟器和设备的服务器，这也是 Appium 选择 WebDriverAgent 的一个很重要的原因。此外，WebDriverAgent 还允许用户做一系列的操作，如关闭、单击、滚动等操作。目前来讲，WebDriverAgent 是一款 iOS 端到端测试的完美测试工具，此工具由 Facebook 开发，并在 Facebook 中得到广泛使用。

2．WebDriverAgent 安装准备

首先需要从 GitHub 上把整个代码库下载下来。这使用命令行 git clone <address>实现，如图 3.45 所示。

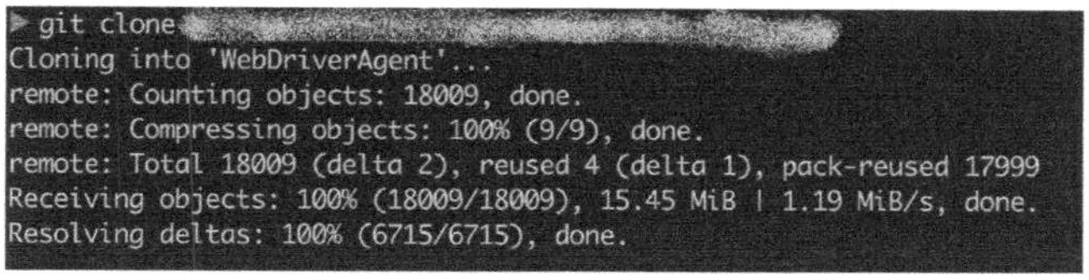

图 3.45　下载 WebDriverAgent 的命令行

下载完整个代码库后，需要做的第一件事是安装其自带的 bootstrap 引导脚本。命令如下。

```
./Scripts/bootstrap.sh
```

安装完成之后会看到图 3.46 所示的界面。

图 3.46　WebDriverAgent 安装界面

如图 3.46 所示，WebDriverAgent 的安装过程涉及两件事情。第一件事是下载所有依赖文件，第二件事是创建 Inspector。第一件事比较容易理解，那么 Inspector 是什么呢？Inspector 就是一个查看器，用于查看设备或者模拟器当前界面上的控件信息，这对于用户做自动化测试来说非常重要。

3. 启动 WebDriverAgent 服务

启动 WebDriverAgent 服务有很多种方法，其中两种较常见的方法分别是界面启动和命令行启动。

方法 1：直接通过 Xcode 界面启动

此方法相对容易，只需要双击项目下的 WebDriverAgent.xcode 文件，Xcode 即可自动打开项目，如图 3.47 所示。

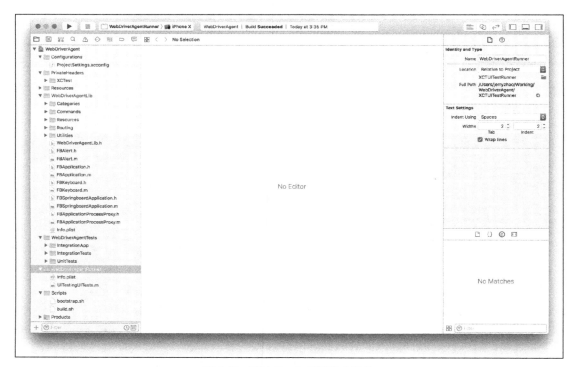

图 3.47　通过 Xcode 界面启动服务

打开项目之后，从左边窗格中定位到 WebDriverAgentRunner→UITestingUITests.m 选项，如图 3.48 所示。

打开 UITestingUITests.m 文件，在 testRunner 方法的左边会有一个菱形图标，将鼠标指针放在上面，会出现一个"运行"按钮（位于图 3.49 中第 33 行的位置）。

图 3.48　选择 UITestingUITests.m

```
m  UITestingUITests.m
88  <  >   WebDriverAgent  >   WebDriverAgentRunner  >  m  UITestingUITests.m  >  M  -testRunner
16  #import <WebDriverAgentLib/XCTestCase.h>
17
18  @interface UITestingUITests : FBFailureProofTestCase
        <FBWebServerDelegate>
19  @end
20
    @implementation UITestingUITests
22
23  + (void)setUp
24  {
25    [FBDebugLogDelegateDecorator decorateXCTestLogger];
26    [FBConfiguration disableRemoteQueryEvaluation];
27    [super setUp];
28  }
29
30  /**
31   Never ending test used to start WebDriverAgent
32   */
    - (void)testRunner
34  {
35    FBWebServer *webServer = [[FBWebServer alloc] init];
36    webServer.delegate = self;
37    [webServer startServing];
38  }
39
40  #pragma mark - FBWebServerDelegate
41
42  - (void)webServerDidRequestShutdown:(FBWebServer *)webServer
43  {
44    [webServer stopServing];
45  }
46
47  @end
48
```

图 3.49　testRunner 方法左边的 "运行" 按钮

单击运行按钮稍等片刻后，模拟器会成功启动 iPhone X，并成功安装 WebDriverAgent 应用，并且我们会看到此应用在被打开后又退出了。

提示

其实 WebDriverAgent 应用打开后并没有真正退出，只是临时关闭了，并在后台保持运行着。如果强制关闭它，整个 WebDriverAgent 服务器就会被强制停止，因此不要尝试关闭它，包括在用 Appium 运行自动化测试脚本后。

如果读者想要尝试在真机上运行，则需要生成 iOS 证书；否则无法直接在真机上安装 App，详细内容请看官方配置文档。

具体启动了哪个设备取决于启动之前在界面顶部选择了哪个设备，读者可自行选择自己想要的设备，图 3.50 所示为 iPhone X 模拟器成功启动的界面。

图 3.50　iPhone X 模拟器成功启动的界面

方法 2：以命令行方式启动

输入图 3.51 所示的命令。

```
▶ xcodebuild -project WebDriverAgent.xcodeproj \
            -scheme WebDriverAgentRunner \
            -destination 'platform=iOS Simulator,name=iPhone X' \
            test
```

图 3.51　以命令行方式启动

不过需要注意的是，需要确保在 WebDriverAgent 项目的根目录下运行以上命令。此处使用的命令为 xcodebuild（Xcode 的命令行工具），一共有 3 个参数，第 1 个参数 project 用于指定当前项目文件，一般为 xcodeproj 文件；第 2 个参数 scheme 为 WebDriverAgentRunner，也就是刚才我们选择的那个文件夹；第 3 个参数 destination 中包含一个 platform，用于指定模拟器还是真机，name 则为设备名称，这里指定模拟器和 iPhone X。从命令行方式同样可以成功启动 iPhone X，如图 3.52 所示。

```
Make a symbolic breakpoint at UIViewAlertForUnsatisfiableConstraints to catch this in the debugger.
The methods in the UIConstraintBasedLayoutDebugging category on UIView listed in <UIKit/UIView.h> may a
lso be helpful.
2017-12-09 21:03:30.368820+0800 WebDriverAgentRunner-Runner[45898:10578925] Running tests...
2017-12-09 21:03:35.270616+0800 WebDriverAgentRunner-Runner[45898:10578925] Continuing to run tests in
the background with task ID 1
Test Suite 'All tests' started at 2017-12-09 21:03:37.417
Test Suite 'WebDriverAgentRunner.xctest' started at 2017-12-09 21:03:37.420
Test Suite 'UITestingUITests' started at 2017-12-09 21:03:37.421
Test Case '-[UITestingUITests testRunner]' started.
    t =     0.00s Start Test at 2017-12-09 21:03:37.424
    t =     0.01s Set Up
2017-12-09 21:03:37.429737+0800 WebDriverAgentRunner-Runner[45898:10578925] Built at Dec  9 2017 15:35:
46
2017-12-09 21:03:37.460745+0800 WebDriverAgentRunner-Runner[45898:10578925] ServerURLHere->
    :8100<-ServerURLHere
```

图 3.52　以命令行方式启动的过程

当底部出现一个 IP 地址时，即说明服务器已经启动完成了。相对于方法 1，更加推荐方法 2，这种方法方便、快捷，只要一个命令即可完成启动。用户可以把命令放在 Shell 脚本中，下次启动就无须输入那么长的命令了。

4.　查看 WebDriverAgent Inspector

在图 3.52 中，通过 WebDriverAgent 最后的那个 URL 地址，即可成功打开 Inspector，一般地址的格式是"http://IP 地址:8100"。打开 URL 后，效果如图 3.53 所示。

图 3.53 所示的内容看起来不太容易理解。那么再试试在 URL 之后加上/status，看看结果会变成什么样，如图 3.54 所示。我们可以看到操作系统的名称、版本，设备的 IP 地址及 Session ID。最后再试试加上/inspector，打开 http://IP 地址:8100/inspector 后，可以看到图 3.55 所示的界面。

```json
{
  "value" : "Unhandled endpoint: \/ -- http:\/\/192.168.1.34:8100\/ with
parameters {\n     wildcards =      (\n          \"\"\n     );\n}",
  "sessionId" : "0B8EA602-9B2B-4311-AC50-6344C17A4E23",
  "status" : 1
}
```

图 3.53　打开 URL 后，展现一个字典格式的字符串

```json
{
  "value" : {
    "state" : "success",
    "os" : {
      "name" : "iOS",
      "version" : "11.0"
    },
    "ios" : {
      "simulatorVersion" : "11.0",
      "ip" : "192.168.1.34"
    },
    "build" : {
      "time" : "Dec  9 2017 21:06:57"
    }
  },
  "sessionId" : "0B8EA602-9B2B-4311-AC50-6344C17A4E23",
  "status" : 0
}
```

图 3.54　加上/status 后，展现为一个字典格式的字符串

接着，如果你知道 App 的 bundleID 即可直接打开 App，例如，想要打开 Safari，可直接使用如下命令。

```
curl -X POST '-H "Content-Type: application/json"' \
-d "{\"desiredCapabilities\":{\"bundleId\":\"com.apple.mobilesafari\"}}" \
http://IP 地址:8100/session
```

上述命令用于给服务器发送一个 POST 请求，payload 一般带有需要发送的操作内容。运行以上命令后，Safari 浏览器会自动在 iPhone 模拟器中打开。WebDriverAgent 是不是很强大？当然，这只是冰山的一角，WebDriverAgent 能做的远不止这些。除了打开应用之外，它还可以执行各种单击、输入等动作，甚至可以完成截图、屏幕纵横旋转、Touch ID（Touch ID 只支持模拟器）验证等功能。

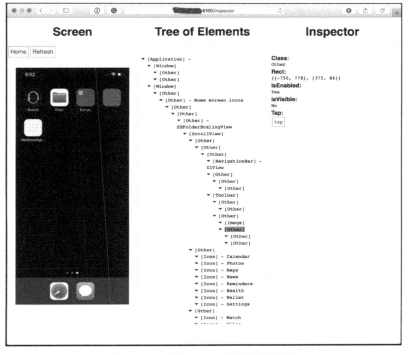

图 3.55 加上/inspector 后出现的界面

3.3.4 UIAutomator2——搭建 Android 自动化测试桥梁的"功臣"

1. UIAutomator2 简介

UIAutomator2 由 Google 开发,是 UIAutomator 的第 2 个版本。相比于 1.0 版本来说,该版本的改进还是非常大的,最大的提升是速度和稳定性。

2. UIAutomator2 与 Appium 是如何一起运作的

Appium 的运行原理和 Selenium 的基本一致,两者都是通过客户端发送请求给 Appium 服务器端,然后经服务器端处理后返回给客户端,最终完成自动化测试操作。那么 UIAutomator2 的服务器端具体是如何实现的呢?其实现过程如图 3.56 所示。

图 3.56 所示流程图是由 Appium 官方提供的。整个流程大概如下:

- 发送请求;
- 安装 APK;
- 将请求转发给 Handler;
- 完成自动化测试;
- 回传记录。

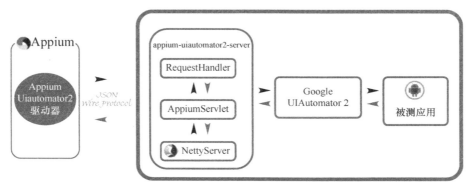

图 3.56　UIAutomator2 的服务器端实现过程

详细过程如下。

（1）从客户端（测试脚本）发送请求之后，Appium 会创建一个 AndroidDriver 实例。当然，用户必须要在 Desired capabilities 中指定 automationName 为 UIAutomator2，这样 Appium 服务器端启动相应的 Session，并根据提供的 UIAutomator2 找到 appium-uiautomator2-driver。

（2）找到 appium-uiautomator2-driver 这名"主力"后，再找另一位"副手"——appium-uiautomator2-server，它负责把两个 APK 安装包下载到用户手机中并进行安装，这两个 APK 安装包分别为 appium-uiautomator2-server-vx.x.x.apk、appium-uiautomator2-server-debug-androidTest.apk。

这两个文件起着至关重要的作用。第一个 APK 文件负责执行 Handler，Handler 的作用是直接向 UIAutomator2 请求相应的需要执行的自动化测试动作，APK 会负责处理所有的 Handler；第二个 APK 文件仅包含一个 Test，这个 Test 并不是测试脚本，而是启动 Netty 服务器的代码，并且是在用户的被测移动设备上启动的，如图 3.57 所示。

```
/**
 * Starts the server on the device
 */
@Test
public void startServer() throws InterruptedException {
    if (serverInstrumentation == null) {
        ctx = InstrumentationRegistry.getInstrumentation().getContext();
        serverInstrumentation = ServerInstrumentation.getInstance(ctx, ServerConfig.getServerPort());
        Logger.info("[AppiumUiAutomator2Server]", " Starting Server");
        try {
            while (!serverInstrumentation.isStopServer()) {
                SystemClock.sleep(1000);
                serverInstrumentation.startServer();
            }
        }catch (SessionRemovedException e){
            //Ignoring SessionRemovedException
        }
    }
}
```

图 3.57　在设备上启动服务器的代码

图 3.57 所示内容即为第二个 APK 文件包含的 Test 的内容。从代码中也可以看出，这里有且仅有一个 Test，而这个 Test 只是负责启动 Netty 服务的代码。

（3）AppiumServlet 负责将收到的请求转发给对应的 Handler，Handler 在收到请求后，指定 UIAutomator2 执行对应的动作，并且会将 Handler 的最终状态返回给 AppiumResponse 对象。具体代码如图 3.58 所示。

```java
public class GetText extends SafeRequestHandler {

    public GetText(String mappedUri) {
        super(mappedUri);
    }

    @Override
    public AppiumResponse safeHandle(IHttpRequest request) {
        Logger.info("Get Text of element command");
        String id = getElementId(request);
        String text;
        AndroidElement element = KnownElements.getElementFromCache(id);
        if (element == null) {
            return new AppiumResponse(getSessionId(request), WDStatus.NO_SUCH_ELEMENT);
        }
        try {
            text = element.getText();
            Logger.info("Get Text :" + text);
        } catch (UiObjectNotFoundException e) {
            Logger.error("Element not found: ", e);
            return new AppiumResponse(getSessionId(request), WDStatus.NO_SUCH_ELEMENT);
        }
        return new AppiumResponse(getSessionId(request), WDStatus.SUCCESS, text);
    }

}
```

图 3.58　具体代码

这里，GetText 类就是其中一个 Handler，可以看到它继承了 SafeRequestHandler。该类下面有一个 safeHandle 方法，它返回的类是 AppiumResponse 类，而这只是其中一个 Handler。所有 Handler 均遵循这个模式来处理，而所有 Handler 返回的 AppiumResponse 类均会回传给 appium-uiautomator2-driver，最后返回给 Appium 服务器端。

3.4　Appium-Desktop——从依赖到放弃

3.4.1　为什么需要依赖 Appium-Desktop

很多 Appium 的初学者基本上是从 Appium-Desktop 入门的，包括作者本人也是通过 Appium-Desktop 这个工具入门的。如果你刚开始学习 Appium，那么 Appium-Desktop 绝对是值得信赖的学习工具。本节就简单介绍一下这个工具的主要功能。

1．下载 Appium 并准备样例程序

Appium-Desktop 的最新版本可以在 Appium 官网直接下载，打开 App 后，可以看到图 3.59 所示的 Appium-Desktop 启动界面。

图 3.59　Appium-Desktop 启动界面

我们可以根据界面中 Start Server v1.7.1 按钮显示的内容知道当前 Appium 的版本。值得注意的是，Appium 社区一直是移动领域自动化测试中非常活跃的社区，因此不同的版本之间可能会有不少功能上的差异。用户需要定期从 Appium 的 GithHub 项目页面查看不同版本的区别，找到与当前环境适合的版本。

> **小提示**
>
> 　　强烈建议读者多关注 Appium 每一次更新的 release note，因为只有了解了每个版本的更新内容，你才能更好地使用它。特别是每一次 iOS 出新版本时，作者都会第一时间关注它的更新进度，并在每一个新版本更新后仔细地阅读 release note。

2．启动 Appium 服务器

在确定版本合适并正确后，直接单击界面中的 Start Server v1.7.1 按钮启动 Appium Server。启动后看到"Appium REST http interface listener started on 0.0.0.0:4723"信息，

即说明启动成功，如图 3.60 所示。

图 3.60　Appium 服务器已经启动

　　启动成功后，标题栏下方会显示 The server is running。直接单击界面右上角的放大镜按钮，就会进入启动会话的界面，如图 3.61 所示。

图 3.61　启动会话的界面

在 Desired Capabilities 选项组中输入必要的属性，如最重要的 automationName，这个属性决定具体用哪一种驱动器执行自动化测试，app 表示用户的 App 路径。全部输入完成之后，先不要启动会话，建议单击 Save 按钮先保存这份配置。保存完成后，用户下次就可以在 Saved Capability Sets 选项组（见图 3.62）中直接打开之前的配置文件，这是一个非常实用的功能，如图 3.62 所示。

3. 启动 Inspector

保存完成之后，即可在 Session 启动界面中单击 Start Session 按钮。如果会话启动成功，则会看到模拟器启动了被测 App，并且会看到 Appium 成功启动了会话，且在 Inspector 界面中生成了一张快照、一张树形节点图，以及当前选中节点的信息表，如图 3.63 所示。

Desired Capabilities	Saved Capability Sets (4)	
Capability Set	Created	Actions
ios	2017-06-30	✎ 🗑
android	2017-08-16	✎ 🗑
test_sauce	2017-10-22	✎ 🗑
appiumSampleCode	2017-12-25	✎ 🗑

图 3.62　Saved Capability Sets 选项组

图 3.63　Inspector 界面

在 Inspector 界面中，可以选择想要识别的对象（直接单击快照上的控件即可）。可在第 3 栏看到选中对象控件的属性信息及 XPath，可以通过单击 Tap 与 Send Keys 按钮分别完成相应的单击操作和输入操作，并进行自动化测试。

> **提示**
>
> 这里需要注意的是，当页面上控件的嵌套层非常多时，直接在快照上单击可能会不起作用，用户无法很轻松地通过单击定位到想要的控件。此时就需要使用到第 2 个视图 App source，展开节点，通过一个个单击进行查找，不用担心找不到，因为每次单击后，左边的快照都会高亮显示，这样用户就可以根据高亮的位置快速定位。

4. 验证 Locator 的正确性

这里之所以要验证 Locator，是因为它是识别对象的关键，如果 Locator 出现了错误，那么对象就无法成功识别。因此，为了保证 Locator 的正确性，每一位测试人员都有责任先验证 Locator 正确无误之后再将其放入脚本中，这样可以减少因为错误的 Locator 造成脚本失败的次数，这一点很关键。

如何验证 Locator？首先需要单击图 3.63 所示界面顶部的放大镜按钮（界面中从右边往左数第 2 个），在弹出的 Search for element 对话框中设置 Locator Strategy 及 Selector，Locator Strategy 是我们需要定位的方式，包括按照 id、name、XPath、accessiblity-id 和 UIAutomator2 等，而 Selector 是定位的表达式。此处我们选用 XPath 方式来测试，如图 3.64 所示。

图 3.64　选择 XPath 定位方式

我们选择对应的 Locator Strategy 并输入对应的 XPath 表达式之后单击 Search 按钮，如果找到对象即会出现图 3.65 所示的界面。

界面显示找到一个 Element，同时用户可以对此控件执行单击、输入操作。注意，当选中这个 Element 之后，Appium 会自动在左边的快照视图中高亮显示这个对象，这样用户就可以清楚地知道验证的 Locator 所对应的控件了。

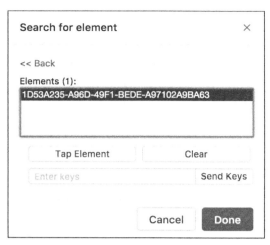

图 3.65　通过 XPath 找到了对象

3.4.2　为什么不要完全依赖 Appium-Desktop

3.4.1 节介绍了 Appium-Desktop 的基本使用方法。那么，这一节会告诉读者不要尝试去完全依赖 Appium-Desktop。其实，在真实的自动化测试项目中，我们一般仅把 Appium-Desktop 当作 Spy 使用，即当作对象查看器使用，其他时候基本上不会使用它。下面就说明为什么要慢慢脱离对 Appium-Desktop 的依赖。

1.　学会利用 Session 与远程服务器进行配合

在 3.4.1 节中，我们使用 Appium-Desktop 启动了 Appium 服务器，并成功启动了会话，打开了 Inspector 界面。那么问题来了，如果 Appium 服务器已经在本地启动了，又或者在远程机器上启动了，如何才能在一个已启动的会话上开启会话呢？针对这个问题，我们先来做一个实验：通过命令行在本地启动 Appium 会话，如图 3.66 所示。

图 3.66　启动 Appium 服务器

只需要通过命令行 npm install -g appium 即可安装新版本的 Appium。当然，需要确保自己的机器已经成功安装了 node 和 npm。

如果此时再尝试使用 Appium-Desktop 启动服务器，就会得到图 3.67 所示的警告信息，提示启动失败，这是因为我们已经在本地启动了一个相同的端口服务。

图 3.67　Appium 服务器的启动失败

对于此类警告有两种解决方法：第一种是修改端口号，但这不是本节要讲解的内容；另一种方法是重用已经存在的服务器，而不是重新启动一个服务器，这是本节讲解的重点。具体步骤如下。

（1）打开 Appium-Desktop 后，在菜单栏中依次选择 Appium→New Session Window，如图 3.68 所示，或者按 Command＋N 组合键直接打开启动会话的界面，如图 3.69 所示。

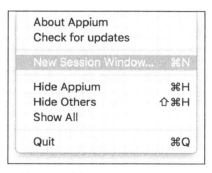

图 3.68　选择 New Session Window

（2）如图 3.69 所示，填写对应的 Desired Capabilities 选项。在单击 Start Session 按钮

之前，先确保 Remote Host 与 Remote Port 与所启动的 Appium 服务器一致。确认没有问题后单击 Start Session 按钮，一切正常的话 Inspector 即可成功启动。

图 3.69　通过快捷键方式直接打开启动会话的界面

　　如果回到之前命令行启动的界面，则会发现对应的日志已生成，这种方式可直接把服务器单独分离出来，而不是完全依赖 Appium-Desktop，完全解决了在 Windows 上无法使用 Inspector 查看 iOS App 的问题。

　　2. 利用云端虚拟服务器——Sauce Labs

　　从 Inspector 到 Sauce Labs 的转换较容易实现。准备好 Sauce Labs 的用户名和 Access Key，接着切换到 SAUCE LABS 选项卡并输入用户名和密钥，最后输入需要定义的 Desired Capabilities 选项，如图 3.70 所示。

　　单击 Start Session 按钮，Appium-Desktop 就会连接到 Sauce Labs 所创建的 Appium 服务器上，并创建 Inspector，这里就不多阐述了，读者可以自行尝试。此方法解决了 Windows 用户无法很好地完成 iOS App 自动化测试的问题。

> **提示**
>
> 　　注意图 3.70 所示界面右上角的"Proxy through Sance Connect's Selenium Relay"复选框，勾选该复选框表示支持 Sauce Connect 代理模式，输入 Host 和 Port，即可方便 App 接入内部网络。这个模式就不详细介绍了，之前的章节里已经详细介绍了其原理和使用方法。

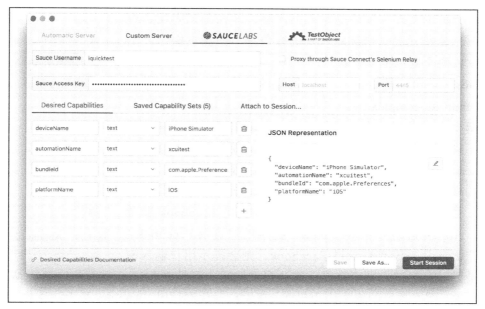

图 3.70　启动 Sauce Labs 的会话

3.5　从一个经典的官方实例开启移动端自动化测试 Appium 之旅

为了让初学者能够快速使用 Appium，Appium 官方在 GitHub 上创建了一个项目——Sample-Code。这个项目对于初学者来说是相当宝贵的资料，强烈建议每一位正在学习 Appium 的初学者尝试下载和运行，从而真正体验如何一步步通过 Appium 完成自动化测试。

下面就通过 Sample-Code，介绍如何用 Appium 进行自动化测试。

下载样例脚本的代码如下。

```
git clone GitHub网站：appium/sample-code.git
```

下载完成后，进入 sample-code 文件夹，会发现如下两个文件夹。

- apps：主要存放 App（包含 iOS 和 Android 平台），所有被测样例 App 均存放在这里。
- examples：Appium 支持的所有主流语言的示例都在这里，如图 3.71 所示。

如图 3.71 所示，用户可以选择常用的语言进行学习，建议先从两个实例开始学习：

- ios_simple.py；
- android_simple.py。

这两个脚本文件实现的是基础的内容，即在测试中找到对象，然后结合单元测试框架对对象进行最基本的测试操作。下面我们完成两个复杂的实例：

图 3.71　Appium 支持的所有
主流语言的示例

- ios_complex.py；
- android_complex.py。

这两个实例代码基本上已经接近实际测试项目了，其中包含各种不同的定位对象的方式、更多控件的操作，以及 Frame 或者 Alert 的一些操作。这两个实例是入门级别的实例。建议把所有的样例脚本都学习一遍，其中还包括一些实用的特殊场景处理，如 WebView。通常在打开 App 并单击 Facebook 登录按钮时，App 会自动打开 WebView，提示用户登录 Facebook。如果用户之前从来没有登录过 Facebook，则会提示用户输入密码；如果已经登录过，则直接显示确认登录按钮。但是这个 App 页面往往是从 Web 页面形式显示的，而非真正的原生应用界面。在做自动化测试时，Appium 是无法直接识别 App 中的控件的，需要在测试脚本中执行一个特殊的操作。

```
driver.switch_to.context('WEBVIEW')
```

3.6　本章小结

对于测试人员来说，移动 App 的 UI 自动化测试一直是一个难点，难点在于 UI 的"变"，变化导致自动化测试用例需要花大力气维护。从分层测试的角度来讲，自动化测试应该逐层进行：大量实现自动化测试的应该是单元测试，因为单元测试最容易实现，也最容易在早期发现问题；其次是接口级测试，以验证逻辑为目的进行自动化测试，由于接口相对稳定，自动化测试用例的维护成本相对较低。

第4章 自动化实战项目原型设计

4.1 充分的准备工作让你事半功倍

4.1.1 自动化测试真的合适吗

在开始自动化测试之前，你需要制订一套具体的解决方案，建立一套强健的且易于维护的测试框架以及脚本。这不是一件非常容易完成的任务。当然，一旦你建立起了整个自动化测试生态圈，并且合理地运用自动化测试，就可以加快测试进度，缩短项目发布周期。

4.1.2 优秀的测试策略能让自动化测试成功率达到 80%

1. 确定测试策略

要想能够成功运用自动化测试，增加自动化测试的成功率，就需要确定一份详尽的自动化测试策略。此处，建议首先问自己几个问题：

（1）在项目中用户会使用哪些功能？

（2）用户使用哪些浏览器或者平台？

（3）项目以前有没有出现过严重的故障或者 Bug？

回答完这些问题后，你就会对整个系统需要测试的功能有一个完整的认识，你会在之后的测试过程中更有条理，做到有先有后、有重有次，更好地把测试重心放在重要的地方。

不要尝试将自动化测试的重心放在新功能上，尽量把测试时间用在已存在的功能上。新功能往往不会很稳定，对它进行测试会影响测试脚本的稳定性。

2. 策略分析

完成了整个自动化测试工作的优先级排序后，那么如何进一步根据之前做出的回答去判断下一步该做什么呢？

- 功能的使用次数

应用通常都会提供不少功能，但是有些功能使用很少，而有些功能使用频繁。通过统计功能的使用次数，可以根据使用次数从高到低对功能进行排序，进一步安排自动化测试任务的优先级。

- 浏览器的选择

在整个用户范围内，统计各个浏览器的占比及使用量。根据统计的数据，很容易地判断哪些浏览器是需要集中进行自动化测试的。

- 风险

最后还需要考虑的是曾经有没有在应用中出现过比较严重的 Bug。这个问题很容易解答，直接从 Bug 跟踪管理软件里即可找到想要的答案，特别是某些 Bug 出现过，修复后又再次出现的这类问题，就需要考虑反复地执行自动化测试，以便找出解决方法。

4.1.3　新的开始

还记得第 1 章介绍的经典实例吗？让我们回顾一下其中的部分内容，从而为后续章节的学习做好铺垫。首先，创建两个文件夹：一个是 drivers，用于存放所有的驱动器，如 geckodriver、chromedriver 等；一个是 tests 文件夹。然后，创建一个 flight_login_test.py。文件结构如图 4.1 所示。

以前版本的 Selenium 运行 Firefox 浏览器无须另外下载任何驱动器，但是新版本 Selenium 运行 Firefox 浏览器就需要用到最新的 geckodriver，你可以把它看作新一代的 FirefoxDriver。下载 geckodriver 后记得解压到图 4.1 所示的 drivers 文件夹内，接着在 flight_login_test.py 文件中写入图 4.2 所示的程序。

图 4.1　文件结构

图 4.2　flight_login_test.py 文件的部分内容

图 4.2 所示的脚本多了不少新的内容，下面一一介绍。首先，定义了方法 driver，这个方法上面多了 @pytest.fixture，这个叫作装饰器，可不要小看它。pytest 方法里声明了这个 fixture，就代表它会在每一个测试脚本运行时被调用，简单来说就是用它来处理 setup 和 teardown。然后，定义了_ _gecko_ _driver 的路径变量，os.getcwd()用于获取当前的路径，通过 os.path.join 拼接完整的路径。接着，通过 webdriver 对象创建 Firefox 的 driver 对象，并传入前面事先定义好的_ _gecko_ _driver 的路径。

> **提示**
>
> 如果在旧版本的（47 版本以前的）Firefox 上进行测试，那么完全无须下载 geckodriver，可以直接使用 FirefoxDriver 来实现自动化测试，不过需要增加一个额外的步骤，即关闭 Marionette。Marionette 其实就是新的 FirefoxDriver 的内部自动化测试实现库。当调用 geckodriver 时，其实就是连接到 Marionette 并实现自动化测试的，这一点了解即可。关闭方式如下。

```
driver_ = webdriver.Firefox(capabilities={'marionette': False})
```

下面再看 request.addfinalizer(quit)，这代表当每一个测试方法执行完毕后，会执行 quit 方法，而 quit 方法里执行操作的是退出 Selenium，这样就完成了一个 setup 和 teardown 的集成。

继续看下一个方法 test_valid_credentials(self,driver)。它有两个参数：第一个参数为 self，这个参数是 Python 语法规定的，每一个类中的方法都必须包含 self 参数；第二个参数为 driver，用于调用之前创建的带有 fixture 的 driver 方法。由于 driver 已经创建好了 FirefoxDriver 对象并返回一个浏览器 driver 的 Session 实例，因此在测试方法中就可以使用 driver 进行操作了。请看下面的代码。

```
driver.get("Mercury Tours 登录页面")
driver.find_element(By.NAME, "userName").send_keys("mercury")
driver.find_element(By.NAME, "password").send_keys("mercury")
driver.find_element(By.NAME, "login").click()
```

接着请尝试在此项目的根目录下运行 pytest（如果没有安装，请运行 pip install pytest 安装 pytest）。

运行后会看到图 4.3 所示的结果，显示一个 test 已经通过了。但是在这个测试中还缺少验证点，没有验证点的自动化测试不能称为自动化测试，只能叫作自动化过程。因为我们并不知道在单击"登录"按钮后，页面登录到底是成功了还是失败了，这里需要你尝试找到一个标记——能证明登录成功了。在本例中，如果你尝试登录，则登录成功后会看到图 4.4 所示的界面。

```
▶ pytest
═══════════════════ test session starts ═══════════════════
platform darwin -- Python 3.6.4, pytest-3.3.1, py-1.5.2, pluggy-0.6.
0
rootdir: /Users/jerryzhao/Working/books, inifile:
plugins: xdist-1.21.0, forked-0.2
collected 1 item

tests/flight_login_test.py .                              [100%]

═══════════════════ 1 passed in 7.94 seconds ══════════════════
```

图 4.3　运行 pytest 后的结果

图 4.4　登录成功后的界面

注意框内部显示的是 SIGN-OFF，这个就是登录后最重要的标记。一般情况下，登录后的界面可能会出现变动，但是 SIGN-OFF 基本上很少会更改，因此选择验证 SIGN-OFF 比较安全，也比较有代表性，因为只有在登录成功的情况下 SIGN-OFF 才会显示。我们只需要在测试方法的最后加上如下脚本。

```
assert driver.find_element(By.XPATH, "//a[.='SIGN-OFF']").is_displayed())
```

4.2　让自动化测试脚本更加稳健

4.2.1　编写易维护、易扩展的测试脚本

众所周知，在用 Selenium 进行自动化测试的过程中，一个比较大的挑战就是脚本维护。由于在开发过程中无法避免需求的改动，UI 自然也会跟着一起变动，从而导致自动化测试集运行失败，这就意味着需要修复脚本应对 UI 的变动，并重新将脚本应用到自动化测试集中。但在脚本数量不是很多的情况下，改动量可能还能接受，一旦脚本的数量增加，如果没有一个易于维护的脚本结构，恐怕很难快速适应开发过程中的变更，也很难保证自动化测试的成功率。

那么具体应该如何做才能写出易维护、易扩展的自动化测试脚本呢？其实 Selenium 官方已经推荐了一种简单的设计模式——页面对象模式。其原理是把每个页面的行为和元素都封装在一个对象内，这样即使被测应用有任何变动，影响了测试脚本，也无须慌张，只需要一次性修改对象的行为和元素即可。因为每一个测试用例都调用对象内的行为，如果对象内的行为发生了改变，那么所有测试用例都会随之自动修改。下面看一下具体实例。

样例

首先需要创建一个名为 pages 的文件夹，用于存放所有 Page 类。然后，在 pages 文件夹下创建一个名为 flight_login_page.py 的文件（记得创建 __init__.py 文件）。创建完毕后，文件结构如图 4.5 所示。

接下来，在 flight_login_page.py 文件中把之前测试脚本中的行为和元素全部封装到一个类里，如图 4.6 所示。

这里创建了一个名为 FlightLoginPage 的类，用于存放 login 页面下所有需要用到的行为和元素。此类

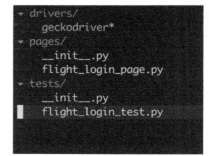

图 4.5　文件夹结构

中有 4 个变量和 3 个方法。

```python
from selenium.webdriver.common.by import By
class FlightLoginPage():
    _username_textbox = (By.NAME, "userName")
    _password_textbox = (By.NAME, "password")
    _login_button = (By.NAME, "login")
    _login_success_msg = (By.XPATH, "//a[.='SIGN-OFF']")

    def __init__(self, driver):
        self.driver = driver
        self.driver.get('https://nextours.demo.........')

    def login_with(self, usr, pwd):
        self.driver.find_element(*self._username_textbox).send_keys(usr)
        self.driver.find_element(*self._password_textbox).send_keys(pwd)
        self.driver.find_element(*self._login_button).click()

    def success_msg_exist(self):
        return self.driver.find_element(*self._login_success_msg).is_displayed()
```

图 4.6　将元素和行为封装到一个对象里

　　先来看 4 个变量。变量主要用于存放定位器（说得通俗一点就是用于识别对象的描述语句）。例如，_username_textbox 的第一个参数使用 NAME 来识别对象，第二个参数通过对象的名称，就可以找到 userName 这个对象了。

　　再来看 3 个方法。__init__ 方法——FlightLoginPage 的构造器方法的主要作用是把 driver 外部的 driver 对象实例传入这个 FlightLoginPage 类中，这样才能在其他方法中调用 driver 实例，因为没有了 driver 对象实例，我们就什么也做不了。继续看第二个方法——login_with 方法。此方法带有两个参数：一个是用户名；另一个是密码。即用 find_element 先获取对象，然后对其做相应的操作。此处要注意，find_element 方法内的参数前有一个星号，这个星号很关键。为什么会有这个星号？如果查看这个方法的帮助文档，就可以看到这个方法的参数有两个，如图 4.7 所示。

find_element(*by='id'*, *value=None*)
　　'Private' method used by the find_element_by_* methods.

Usage:　　Use the corresponding find_element_by_* instead of this.
Return type:　　WebElement

图 4.7　find_element 的帮助文档

　　第一个参数是 by，也用于指定用哪一种定位方式来定位对象；第二个参数是 value，用于指定定位值。这里我们传入的是一个变量，虽然变量包含两个参数，但是如果不带星号直接传入这个参数，Python 会报错。这个时候星号的作用就体现出来，它会自动把这一个变量解压成两个参数，并传入函数，这样就完美解决了上面出现的问题。

再来看最后一个方法，这个方法用于判断登录是否成功，就是确认登录成功后的 SIGN-OFF 元素是否在界面上。如果登录成功后界面显示 SIGN-OFF，那么就会返回 True。此处需要注意两点。

- 此处的 _logion_success_msg 就是 SIGN-OFF 元素。

- 不要把 assert 验证写在 pageObject 类中。PageObject 对象只包含元素和行为，不要把任何检查和验证的操作放在里面，所有的 assert 验证都应该放在脚本层。

完成了 Flight LoginPage 类后，我们还需要更新之前的 flight_login_test.py 文件，如图 4.8 所示。

```python
import pytest
from selenium import webdriver
from pages import flight_login_page
import os

class TestFlightLogin():

    @pytest.fixture
    def login(self, request):
        _gecko_driver = os.path.join(os.getcwd(), 'drivers', 'geckodriver')
        driver_ = webdriver.Firefox(executable_path=_gecko_driver)

        def quit():
            driver_.quit()

        request.addfinalizer(quit)
        return flight_login_page.FlightLoginPage(driver_)

    def test_valid_credentials(self, login):
        login.login_with("mercury", "mercury")
        assert login.success_msg_exist()
```

图 4.8　更新 flight_login_test.py 文件

此处把之前的 driver 方法的名字改成 login，在 login 方法里直接调用之前创建的 FlightLoginPage 类，并把 driver 实例传入 page 对象，这样在任何测试方法里即可直接调用 login 对象实例。因为每一个测试用例开始运行时都执行登录操作，并把 login 对象实例传到方法内。test_valid_credentials 方法直接调用之前创建的 login_with 方法。assert 方法验证登录是否成功。最后在出现的界面中输入 pytest –v，即可看到图 4.9 所示的运行结果——测试通过。

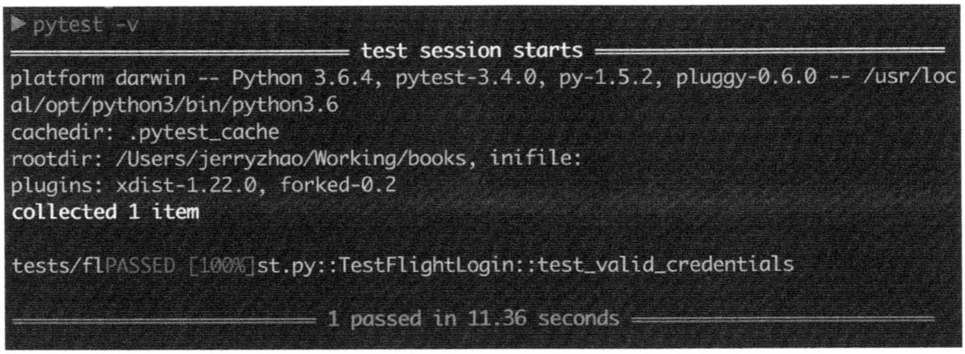

图 4.9　运行结果

4.2.2　用可重用的结构降低脚本的维护成本

前面简单介绍过页面对象模式，这种模式的实现原理是把每一个页面的对象与行为都进行封装和分类，以供测试脚本调用，实现页面对象与行为的重用。但这种模式也有缺点，随着测试脚本、页面的增加，页面的数量也随着一起增加，同时很多相同的对象或者行为出现在不同的页面中，如果在每一个页面都写入相同的代码，那么后期维护测试脚本的成本会呈指数级上升，甚至可能导致自动化测试失败。

这类问题的解决方法是直接创建一个 BasePage 类，所有的页面对象都直接继承这个 BasePage 类，这样就可以很容易地在不同页面重用 BasePage 中的方法了，避免了增加大量测试代码。

样例

为了实现这个 BasePage 类，需要在 pages 文件夹下创建 BasePage 类，如图 4.10 所示。

接着尝试把之前 flight_login_page 中用到的一些常用方法在 BasePage 类中进行抽象化，如_goto 方法、_find 方法、_chick 方法和_input 方法等。具体实现内容请参考图 4.11。

如图 4.11 所示，这里一共创建了 6 个方法，每个方法均以“_”下画线开头，表示私有方法。注意，使用双下画线继承的子类无法访问这些方法。下面一起看一下其中最重要的方法—— _find，此方法的参数只有一个，即 locator。函数体的内容如下。

```
return self.driver.find_element(*locator)
```

相信读者已经注意到了，此处 locator 之前有一个“*”星号。这样做的好处是，当用子类调用此方法时，不需要在 locator 之前加上星号了，后面讲解子类实现的相关内容时会进一步说明。此方法大大方便了查找对象。那么为什么说它是最重要的方法呢？因为除了_goto 方法之外，其余 3 个方法全部是基于这个方法延伸出来的，无论是_click、_input，还是_is_displayed，都需要首先定位到对象才能进行下一步的操作。这 3 个方法都是类似这样的结构：

图 4.10　创建 BasePage 类

图 4.11　将常用方法进行抽象化

```
self._find(locator).XXX()
```

XXX 代表获取对象之后的后续动作，如 send_keys 或者 click 等动作。此处最后一个方法_is_display 还存在一个 Bug——如果验证的对象没有显示在页面上或者根本就不存在，那么就无法返回相应的布尔值。为了使这个方法的通用性更强，通常会为其加上错误处理的操作，如图 4.12 所示。这里主要加入了 try…except 来捕获对象找不到的异常。若此方法在执行时捕获到 NoSuchElementException 异常，就代表对象在界面上不存在。在此类情况下，该方法应该返回 False；否则返回 True。

完成这个 BasePage 类之后，如何将其应用到普通的 Page Object 类上呢？首先，需要在已存在的 Page Object 类文件中导入这个 BasePage 类。然后，需要使原来的类继承这个 BasePage 类。最后，将相关的方法全部替换成 BasePage 下的所有方法，这样用 Selenium 做测试的相关方法都在同一个地方，大大降低了日后更新、维护测试脚本的难度。最终结果如图 4.13 所示。

```python
from selenium.common.exceptions import NoSuchElementException

class BasePage():

    def __init__(self, driver):
        self.driver = driver

    def _goto(self, url):
        self.driver.get(url)

    def _find(self, locator):
        return self.driver.find_element(*locator)

    def _click(self, locator):
        self._find(locator).click()

    def _input(self, locator, input_text):
        self._find(locator).send_keys(input_text)

    def _is_displayed(self, locator):
        try:
            self._find(locator).is_displayed()
        except NoSuchElementException:
            return False
        return True
```

图 4.12 增加错误处理机制

```python
from selenium.webdriver.common.by import By
from pages.base_page import BasePage

class FlightLoginPage(BasePage):
    _username_textbox = (By.NAME, "userName")
    _password_textbox = (By.NAME, "password")
    _login_button = (By.NAME, "login")
    _login_success_msg = (By.XPATH, "//a[.='SIGN-OFF']")
    _login_failed_msg = (By.XPATH, "//font[contains(.,'Enter your user information')]")

    def __init__(self, driver):
        self.driver = driver
        self._goto("http://newtours.demoaut.com/")

    def login_with(self, usr, pwd):
        self._input(self._username_textbox, usr)
        self._input(self._password_textbox, pwd)
        self._click(self._login_button)

    def success_msg_exist(self):
        return self._is_displayed(self._login_success_msg)

    def failed_msg_exist(self):
        return self._is_displayed(self._login_failed_msg)
```

图 4.13 继承 BasePage 类的最终结果

如图 4.13 所示,把跳转页面替换成了_goto,原来输入的用户名和密码也替换成了_input方法,包括_click。这里要特别注意_input 方法,该方法内已经设置好了星号,此处就不需要再加入星号了,直接将 locator 传入方法即可。完全替换好后,整个 Page 类的可读性和脚本的编写速度都得到了很大的提升,并且后期如果 Selenium 接口发生任何变动,则无须修改任何 Page 类中的方法,只须修改 BasePage 这个基础类即可。

4.2.3　编写有弹性的测试脚本

什么是稳定并有弹性的测试脚本?举一个例子进行说明。相信读者一定遇到过这样的情况:编写的测试脚本在实际运行中大多数情况下是通过的,但是偶尔会出现运行失败的情况。这类情况其实是非常糟糕的,因为当测试脚本失败之后,你已经无法确定脚本的有效性了。在实际测试中,如果被测应用与环境没有任何变动,则脚本应该只能出现两种结果,即成功或者失败,而不是第三种结果——随机成功或者失败。通俗地讲就是一个成功的自动化测试用例运行 1000 次必须成功 1000 次,运行 10000 次必须成功10000 次。对于失败,也是一样,无论运行多少次都是一样的结果,而不是随机结果。从本质上来讲,出现随机结果的自动化测试脚本是没有意义的,不如直接扔掉。

为什么要扔掉不稳定的脚本

有些读者会认为,这毕竟也是花了不少时间写的测试用例,怎么能说扔就扔呢?一些不稳定的脚本错误的概率也不是很高,如只有 10%,甚至 5%,为什么要扔了呢?我们不妨来看一个简单的例子,假设现在有两个脚本,每一个脚本的通过率是 50%,如表 4-1 所示。

表 4-1　　　　　　　　　　　　　脚本的通过率

通过率	测试用例 A	测试用例 B
成功率	50%	50%
失败率	50%	50%

如果我们考虑将这两个测试将例结合起来,那么一起运行的成功率是多少呢?也是50%吗?当然,不会这么简单。因为上面每一个测试用例各有 50%的成功率或者失败率,所以就可能出现表 4-2 所示的情况。

表 4-2　　　　　　　　　　　　成功或者失败的情况

测试用例 A	测试用例 B	两个测试用例一起运行时成功或失败的情况
成功	成功	成功率是 25%
成功	失败	失败率是 25%
失败	成功	失败率是 25%
失败	失败	失败率是 25%

由表 4-2 可以很清楚地看到，如果将两个测试用例一起执行，那么通过率就从 50% 变成了可怜的 25%，失败率则上升到了 75%，这还只是针对两个测试用例的情况。如果我们保持每一个测试用例 50% 的通过率，但是测试用例的个数为 3，会怎么样呢？结果如表 4-3 所示。

表 4-3 增加测试用例个数后的情况

测试用例 A	测试用例 B	测试用例 C	3 个测试用例一起运行时的情况
成功	成功	成功	成功率是 12.5%
成功	成功	失败	失败率是 12.5%
成功	失败	成功	失败率是 12.5%
成功	失败	失败	失败率是 12.5%
失败	成功	成功	失败率是 12.5%
失败	成功	失败	失败率是 12.5%
失败	失败	成功	失败率是 12.5%
失败	失败	失败	失败率是 12.5%

表 4-3 中一共有 8 个组合，因为每一个测试用例的成功率和失败率都是 50%，因此最终每一种结果也都是平均分，总的结果通过率只有 12.5%，而失败率高达 87.5%。假设其中每一个测试用例的通过率都是一样的，那么应用排列组合的方法不难计算最终的总通过率，公式如下：

$$P(\text{ALL}) = P(\text{each})^n$$

公式里的 $P(\text{All})$ 表示最终要计算的整个测试集的通过率，而 $P(\text{each})$ 表示每一个测试用例通过的概率（假设每一个测试用例通过的概率是相同的），n 表示测试用例的总数。下面我们来验证一下这个公式。第一个例子中一共有两个测试用例，每个测试用例的通过率为 50%，因此 $P(\text{each})$ 就等于 50%，n 等于 2，那么 50% 的 2 次方等于 25%。同理，对于 3 个测试用例，结果就是 50% 的 3 次方等于 12.5%，和表 4-3 所示结果是一样的。接下来我们来做一个更加接近真实项目的假设，如果我们现在已经完成了 200 个测试用例，每一个测试用例的通过率是 99%，利用所给公式计算 99% 的 200 次方，你会得到一个较小的数字，这就意味着整个测试集通过的概率很低。如果这样的测试集每天都运行，它们对测试肯定是有影响的。那么如何解决这些问题呢？

要解决脚本的稳定性问题，首先要明白脚本不稳定的具体原因。根据经验，脚本不稳定的原因通常归结为以下两点：

- 不稳定的环境；

- 不稳定的测试框架。

下面让我们来逐一分析。环境不稳定是经常出现的情况，如项目组内所有的同事都共用一个测试环境，有时候开发人员改完配置文件后需要重启服务器，而这时你正好在运行自动化测试用例，所以环境就由于开发人员的修改而变得不稳定了。这些都是我们平时很容易碰到的问题。建议在条件允许的情况下使用专用的独立环境进行自动化测试。比较容易的方式是用 Docker 容器进行环境隔离，或者如果测试只是为了验证客户端，那么完全可以自己建一个 HTTP Mock 服务器来模拟服务器的响应，这不仅稳定，而且快速。

测试框架经常不稳定，同样会导致测试随机成功或者失败的情况。这涉及一个最重要的概念——同步点。什么是同步点？打个比方，当提交一个表单后，页面会进行跳转，但是测试脚本还继续执行下一行。因为脚本不会等待下一个页面完全刷新后再执行下一行，所以就需要处理这个智能等待的问题。一个好的框架有助于处理同步点，甚至可以自动处理同步点。

> **提示**
>
> 　　此处只是简单介绍了一些常见的导致自动化测试不稳定的原因，真实项目中还有很多种其他未知的情况，因此要想让 UI 自动化测试成功，首先要明白这些问题的本质，知道如何解决这些痛点，而不是盲目地编写自动化测试脚本。

下面具体讲解如何处理基本的同步点等待问题。

图 4.14 所示的程序中加入了一个方法——_wait_until_displayed，它的作用是等待，直到控件显示。当调用此方法时，我们需要给出两个参数，一个是 locator，另一个是超时时间。其函数体内主要使用了 Selenium 的 explicit_wait 方式进行同步。程序中实例化了 WebDriverWait 对象，并在构造器中传入了 timeout（超时时间），之后在 wait.until 内传入了一个预期条件，这里只会满足其中一种条件。这个程序在之前的章节中已经简单介绍过，这里主要把之前学到的知识应用到目前的测试框架中。因为此方法也在 BasePage 类中，所以每一个继承 BasePage 的 Page 类都可以直接使用这个方法来实现智能等待。

> **提示**
>
> 　　前面提到 Selenium 的 explicit_wait 包含各种不同的条件，如果读者对这些条件感兴趣，可以查看 Selenium 官网的帮助文档，以了解各种不同的预期触发条件。

```python
from selenium.common.exceptions import NoSuchElementException, TimeoutException
from selenium.webdriver.support import expected_conditions
from selenium.webdriver.support.wait import WebDriverWait

class BasePage():

    def __init__(self, driver):
        self.driver = driver

    def _goto(self, url):
        self.driver.get(url)

    def _find(self, locator):
        return self.driver.find_element(*locator)

    def _click(self, locator):
        self._find(locator).click()

    def _input(self, locator, input_text):
        self._find(locator).send_keys(input_text)

    def _is_displayed(self, locator):
        try:
            self._find(locator).is_displayed()
        except NoSuchElementException:
            return False
        return True

    def _wait_until_displayed(self, locator, timeout):
        try:
            wait = WebDriverWait(self.driver, timeout)
            wait.until(
                expected_conditions.visibility_of_element_located(*locator))
        except TimeoutException:
            return False
        return True
```

图 4.14　新增智能等待方法

4.2.4　追求实用

到目前为止，我们已经有了一个大致的结构了，pages 文件夹包含 page 类和 BasePage 类，tests 文件夹包含一个测试脚本。下面尝试把项目结构变得更加灵活和实用。

1. 统一管理 setup 与 teardown

pytest 提供了一种轻松地管理整个测试集的 setup 与 teardown 脚本的方法。该方法很简单，只需要创建一个文件名为 conftest.py 的文件（这个文件名是固定的，不可以改变）即可。在此处，我们把这个文件存放到 tests 文件夹下，如图 4.15 所示。其内容如图 4.16 所示。

图 4.15　创建 conftest.py 文件

图 4.16　conftest.py 的内容

保存以上脚本后，就可以在每个测试文件中引用 setup 脚本和 teardown 脚本。修改原来的 flight_login_test.py 文件如图 4.17 所示。

图 4.17　修改 flight_login_test.py 文件

在图 4.17 中，我们删除了之前的那段只适用于当前测试的 setup 脚本和 teardown 脚本，然后直接引用 conftest.py 文件中定义好的 driver 对象，并将其传入 login 方法，同时将方法 login 返回的 FlightLoginPage 实例 login 传入下面的测试方法，这样测试文件中将不再有任何与 setup、teardown 及 driver 管理相关的任何操作，所有之前的这些操作都交由 conftest.py 进行统一管理。

2.　增加全局 Base URI 配置

什么是 Base URI？举个例子，假设现在有这样一个链接："http://网站地址/abc"，这个链接的前半部分"http://网站地址"就是 Base URI。为什么需要把 Base URI 进行配置化或者说参数化呢？因为通常不同测试环境对应的 Base URI 不同，所以测试脚本运行时需要动态指定 Base URI 的值。具体做法如图 4.18 所示。

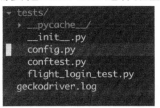

图 4.18　新建 config.py 文件

新建一个 config.py 文件，在文件中添加 base_url = "" 作为占位符，这样就可以动态指定 Base URI 的值。conftest.py 文件中添加的代码如图 4.19 所示。

```
import pytest
import os
from selenium import webdriver
from tests import config

def pytest_addoption(parser):
    parser.addoption("--baseurl",
                     action="store",
                     default="http://newtours.demoaut.com",
                     help="base URL for the application under test")


@pytest.fixture
def driver(request):
    config.base_url = request.config.getoption("--baseurl")
    _geckodriver = os.path.join(os.getcwd(), 'drivers', 'geckodriver')
    driver_ = webdriver.Firefox(executable_path=_geckodriver)

    def quit():
        driver_.quit()

    request.addfinalizer(quit)
    return driver_
```

图 4.19　conftest.py 文件中添加的代码

parser.addoption 方法可以让测试脚本在运行时支持 baseurl 的参数设置，此处的默认值是"Mercury Tours 登录页面"。在 driver 方法内将其获取到的内容 request.config. getoption("--baseurl") 传给 config.base_url，这个 base_url 就是我们刚才创建的 config.py 文件下的 base_url。最后在 BasePage 类下的_goto 方法中使用 base_url，如图 4.20 所示。

```
def _goto(self, url):
    self.driver.get(config.base_url + url)
```

图 4.20　使用 base_url

这里可以把 config.base_url 理解为根连接，url 理解为 URL 之后的部分。config.base_url 通常会是"http://网站地址"，url 通常是/login，所以组合在一起就是 http://网站地址/login，这样就可以轻易切换 Base URL 了。最终在命令行里只需要运行 pytest--baseurl=http://网站地址即可，如果不填写 baseurl 参数，那么程序会读取默认值。

4.3　灵活与智能化地执行测试

4.3.1　本地跨浏览器测试

前面介绍过，WebDriver 支持很多主流浏览器。WebDriver 之所以可以支持这些主流浏览器是因为，这些浏览器的开发者会提供一个对应的驱动文件给 Selenium 使用，Selenium 可以通过对应的驱动文件去调用相应 UI 自动化接口，这些驱动文件可以看成浏览器与 Selenium 之间的桥梁。到目前为止，我们均是基于 GeckoDriver 对 Firefox 浏览器进行自动化测试的。其实 Chrome 浏览器提供的 ChromeDriver 也可供我们使用。接下来看一下如何搭建一个支持跨浏览器的测试环境。

实例

首先需要下载 ChromeDriver，建议下载最新版本。在下载完成之后将其解压到 drivers 文件夹中，如图 4.21 所示。

注意，如果读者需要使用不同的驱动器进行自动化测试，测试 Selenium 为我们提供了两种方式：一种是把驱动器的路径放到环境变量中，另一种是在测试脚本运行时动态地把路径传递给 Selenium。需要注意的是，Selenium 的驱动器支持各种不同的系统，Windows 系统支持扩展名为 exe 的文件，Mac 系统支持的文件没有扩展名。为了能够让整个测试结构同时支持 Chrome 和 Firefox 两种浏览器，需要在 config.py 文件中增加一个变量声明，如图 4.22 所示。

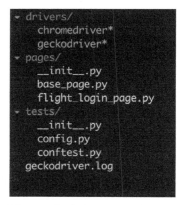

图 4.21　解压到 drivers 文件夹下

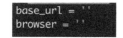

图 4.22　增加的变量声明

原来 Config.py 文件中只有一个参数 base_url，为了支持跨浏览器功能，就需要添加一个 browser 变量。下面需要更新 conftest.py 文件，如图 4.23 所示。

```python
import pytest
import os
from selenium import webdriver
from tests import config

def pytest_addoption(parser):
    parser.addoption("--baseurl",
                     action="store",
                     default="http://newtours.demoaut.com",
                     help="base URL for the application under test")
    parser.addoption("--browser",
                     action="store",
                     default="firefox",
                     help="the browser name that you want to test")

@pytest.fixture
def driver(request):
    config.base_url = request.config.getoption("--baseurl")
    config.browser = request.config.getoption("--browser").lower()
    if config.browser == 'firefox':
        _geckodriver = os.path.join(os.getcwd(), 'drivers', 'geckodriver')
        driver_ = webdriver.Firefox(executable_path=_geckodriver)
    elif config.browser == 'chrome':
        _chromedriver = os.path.join(os.getcwd(), 'drivers', 'chromedriver')
        driver_ = webdriver.Chrome(executable_path=_chromedriver)

    def quit():
        driver_.quit()

    request.addfinalizer(quit)
    return driver_
```

图 4.23　更新 conftest.py 文件

运行结果如图 4.24 所示。

以上代码在 pytest_addoption 函数中增加了一个参数——browser，它的默认值为 firefox。接着在 driver 函数中把 browser 参数传递给 config 文件下的 browser 变量，也就是前面定义在 config.py 文件下的 browser 变量。随后一旦 config.browser 变量获取到值，即可使用 if…else 语句判断当前指定的是哪一种浏览器，并启动这个浏览器。

学完本节后，我们应该掌握了如何为测试结构增加跨浏览器功能。如果在测试中需要支持更多的浏览器，只需要下载对应的浏览器驱动器，然后在本节提供的代码的基础上直接添加更多 if 判断语句即可。

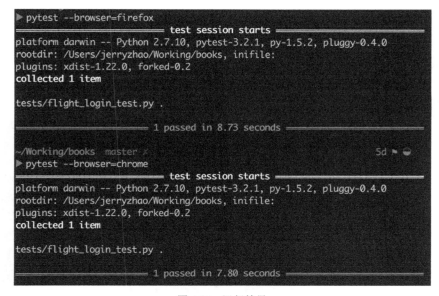

图 4.24 运行结果

4.3.2 云端跨浏览器测试

4.3.1 节讲解了跨浏览器测试的相关内容，也就是说，允许在不同的浏览器上进行测试。假设在测试过程中需要在不同的浏览器版本上进行测试，或者在不同的操作系统上进行测试。如果每次都自己装一个虚拟机进行测试，不仅需要花费大量的时间在环境准备上，而且效率低。解决这个问题可以用之前介绍过的 Sauce Labs。接下来就一起看一下如何将 Sauce Labs 引入测试框架中。

通常引入 Sauce Labs 需要 4 个步骤。

（1）修改脚本配置文件（用于支持 Sauce Labs 的设置）。

（2）修改测试名称。

（3）修改测试状态。

（4）根据需要决定是否加入 Sauce Connect，这在前面已介绍过，这里不再讲述了。

下面对这些步骤进行详细解释。

1. 修改脚本配置文件

如果使用 Sauce Labs，就需要使用一般配置参数，如 run_by、browser_version 及 platform。run_by 对应的是运行方式（如是在本地运行还是在云端运行）。从字面意思知道，参数 browser_version 表示浏览器版本。platform 表示被测的操作系统。把参数添加到 config.py 中，如图 4.25 所示。

如果要查看 Sauce Labs 支持哪些操作系统及浏览器，可以访问 sauce 网站。当然，也可以使用 Sauce Labs 提供的 DesiredCaps 生成工具来快速选择 Sauce Labs 官方已经支持的操作系统和浏览器。

接着继续修改 conftest.py 文件，将刚才配置好的 config 参数添加到 pytest_addoption 里面，如图 4.26 所示。

```python
base_url = ''
browser = ''
run_by = ''
browser_version = ''
platform = ''
```

图 4.25　在 config.py 文件中添加参数

```python
def pytest_addoption(parser):
    parser.addoption("--baseurl",
                     action="store",
                     default="http://newtours.demoaut.com",
                     help="base URL for the application under test")
    parser.addoption("--browser",
                     action="store",
                     default="firefox",
                     help="the browser name that you want to test")
    parser.addoption("--run_by",
                     action="store",
                     default="saucelabs",
                     help="run by saucelabs or local")
    parser.addoption("--browser_version",
                     action="store",
                     default="dev",
                     help="browser version that you want to test")
    parser.addoption("--platform",
                     action="store",
                     default="macOS 10.13",
                     help="Operation system that you want to test")
```

图 4.26　将配置信息添加到 pytest-addoption 中

接下来，更新之前写好的 fixture 程序，如图 4.27 所示。

```python
@pytest.fixture
def driver(request):
    config.base_url = request.config.getoption("--baseurl")
    config.browser = request.config.getoption("--browser").lower()
    config.run_by = request.config.getoption("--run_by").lower()
    config.browser_version = request.config.getoption("--browser_version").lower()
    config.platform = request.config.getoption("--platform").lower()
    if config.run_by == 'saucelabs':
        _desired_caps = {}
        _desired_caps['browserName'] = config.browser
        _desired_caps['version'] = config.browser_version
        _desired_caps['platform'] = config.platform
        _credentials = os.environ["SAUCE_USERNAME"] + ":" + os.environ["SAUCE_ACCESS_KEY"]
        _url = "http://" + _credentials + "@ondemand.saucelabs.com:80/wd/hub"
        driver_ = webdriver.Remote(_url, _desired_caps)
    elif config.run_by == 'localhost':
        if config.browser == 'firefox':
            _geckodriver = os.path.join(os.getcwd(), 'drivers', 'geckodriver')
            driver_ = webdriver.Firefox(executable_path=_geckodriver)
        elif config.browser == 'chrome':
            _chromedriver = os.path.join(os.getcwd(), 'drivers', 'chromedriver')
            driver_ = webdriver.Chrome(executable_path=_chromedriver)

    def quit():
        driver_.quit()

    request.addfinalizer(quit)
    return driver_
```

图 4.27　更新 fixture 程序

图 4.27 所示程序的执行顺序是先把参数值传给 config 的参数, 然后通过判断 run_by 的值来决定使用 Localhost 方式还是 saucelabs 方式。如果传入的是 localhost, 脚本就会直接在本机上运行; 如果传入的是 Saucelabs, 那么就需要另外创建一个 desired_caps 字典对象, 把刚才 config 获取到的参数都存放到这个字典, 并且定义好 Saucelabs 的环境变量。最后, 把 desired_caps 字典对象传入 webdriver 实例即可。根据下面的命令,

```
pytest --browser=chrome --platform='Windows 7'
```

当运行脚本是, webdriver 会自动在 Sauce Labs 账号页面生成一个测试 Session, 并自动生成一个对应的 Windows 7 测试环境且安装对应的 Chrome, 运行测试脚本并给出测试结果。

2. 修改测试名称

为什么要修改名称, 因为测试实例在 Sauce Labs 云端运行时, Sauce Labs 会自动为运行的测试实例生成一个随机的名称, 而这个名称并不是一个友好的、可读性高的名称。在默认情况下, 当运行完测试实例后, 会进入 Sauce Labs 配置环境, 如图 4.28 所示。

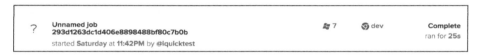

图 4.28 Sauce Labs 配置环境

从图 4.28 中可以看出, Sauce Labs 生成了一个新的不好记的名称。为了解决这个问题, 需要在测试实例中指定每一个测试的名称, 从而增加测试结果的可读性。

```
_desired_caps["name"] = request.cls.__name__ + "." + request.function.__name__
```

在测试实例中加入上面这行代码, 即加入了类名及函数名, 重新运行测试实例即可看到图 4.29 所示效果。

图 4.29 生成了一个好记的名称

3. 修改测试状态

在默认状态下, Sauce Labs 不会设置测试结果的状态是通过还是未通过, 无论测试结果是什么, Sauce Labs 会自动将其设置为 Finished, 这样我们只能通过测试脚本来获取测试结果, 并对 Sauce Labs 的状态进行修改, 如图 4.30 所示。

通过 pytest_runtest_makereport 函数, 可以抓取运行中的测试结果, 并把结果设置到 request 的 node 对象内, 这样就可以在 fixture 中直接通过 request.node. result_call 获取测试

结果，如图 4.31 所示。

```
@pytest.hookimpl(tryfirst=True, hookwrapper=True)
def pytest_runtest_makereport(item, call):
    outcome = yield
    result = outcome.get_result()
    setattr(item, "result_" + result.when, result)
```

图 4.30　通过函数抓取测试脚本测试结果

```
def quit():
    try:
        if config.run_by == "saucelabs":
            if request.node.result_call.failed:
                driver_.execute_script("sauce:job-result=failed")
                print(                    + driver_.session_id)
            elif request.node.result_call.passed:
                driver_.execute_script("sauce:job-result=passed")
    finally:
        driver_.quit()
```

图 4.31　将运行结果设置到 request 的 node 对象

图 4.31 所示的代码会先检查测试脚本是否运行在 Sauce Labs 上，如果是，就会执行 request.node.result_call.passed 或者 request.node.result_call.failed。如果测试脚本运行失败，就会把结果自动输出到 Console 界面，方便我们后期定位错误。

4.3.3　加快执行速度

Selenium 的执行速度并不慢，但是随着测试用例数量的增加，我们不得不考虑执行速度的问题。执行 5 个测试用例和 10 个测试用例的速度差距可能并不是很大，但执行 10 个测试用例和 200 个测试用例的速度就会存在很大差距。原本 5 分钟就能执行完的 10 个测试用例，增加到 200 个测试用例后可能就需要 100 分钟。在自动化测试过程中，非常重要的一点是需要得到尽可能快速的反馈。每一次测试都等待 100 分钟是不可接受的，特别是后期，如果将测试集成到 Jenkins 中后想快速得到测试结果，我们就必须采取相应的措施去缩短测试时间，方法如下。

安装相应的库

pytest 提供了并行测试的插件，利用这些插件可以很容易地解决并行测试的问题。首先安装 pytest-xdist，命令如下。

```
pip install pytest-xdist
```

安装完成之后，即可利用 pytest 的-n 参数直接指定最终需要运行的进程数量，参数
设置如下。

```
pytest -n 2
```

运行以上命令后，pytest 会自动分配两个进程，然后分发测试和并行运行测试
用例。

我们使用之前的测试框架来执行。当然，在此之前先确保测试用例包含两个以上的测
试用例，此处我们在 TestFlightLogin 类下面再增加一个测试方法——test_invalid_credentials，
它用于验证登录失败的测试用例，如图 4.32 所示。

```python
import pytest
from selenium import webdriver
from pages import flight_login_page
import os

class TestFlightLogin():

    @pytest.fixture
    def login(self, driver):
        return flight_login_page.FlightLoginPage(driver)

    def test_valid_credentials(self, login):
        login.login_with("mercury", "mercury")
        assert login.success_msg_exist()

    def test_invalid_credentials(self, login):
        login.login_with("mercury", "mercury1")
        assert login.failed_msg_exist()
```

图 4.32　增加 test_invalid_credentials 方法

接着只需要运行如下命令即可实现多进程并行测试，如图 4.33 所示。

```
▶ pytest --browser=chrome --platform='Windows 7' -n 2
=================== test session starts ===================
platform darwin -- Python 2.7.10, pytest-3.2.1, py-1.5.2, pluggy-0.4.0
rootdir: /Users/jerryzhao/Working/books, inifile:
plugins: xdist-1.22.0, forked-0.2
gw0 [2] / gw1 [2]
scheduling tests via LoadScheduling
..
================= 2 passed in 45.30 seconds =================
```

图 4.33　执行命令及并行运行后的结果

由于默认采用 saucelabs 模式，因此在执行过程中会看到对应的仪表盘数据，如图 4.34
所示。

图 4.34　仪表盘数据

如图 4.34 所示，当前的并发进程数量为 2，最大为 5，因此如果运行 Sauce Labs，那么必须确保并行数量不会超过 Sauce Labs 可以提供的并发进程数量的极限值。如图 4.35 所示，pytest 触发了两个进程并且两者同时处于运行状态。

图 4.35　两个测试正在并行运行

> **提示**
> 如果确实不知道指定多少个并行进程合适，那么可以直接指定-n auto，这样 pytest 会自动根据机器的配置设置一个合适的值。

4.3.4　灵活地对测试进行分组

很多时候我们只需要确定某一块的业务功能能够正常工作，而并不需要运行所有的测试用例，这一方面可以提高针对性，另一方面可以增加测试反馈的速度。针对这种情况 pytest 提供了现成的功能，做法非常简单，只需要在需要分组的测试方法上面加上对应的装饰器即可，如图 4.36 所示。

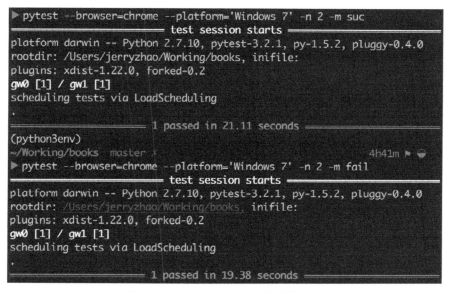

```
class TestFlightLogin():

    @pytest.fixture
    def login(self, driver):
        return flight_login_page.FlightLoginPage(driver)

    @pytest.mark.suc
    def test_valid_credentials(self, login):
        login.login_with("mercury", "mercury")
        assert login.success_msg_exist()

    @pytest.mark.fail
    def test_invalid_credentials(self, login):
        login.login_with("mercury", "mercury1")
        assert login.failed_msg_exist()
```

图 4.36　pytest 装饰器的妙用

在运行时，使用-m 并加上对应的装饰器名即可，如图 4.37 所示。

```
▶ pytest --browser=chrome --platform='Windows 7' -n 2 -m suc
============================= test session starts =============================
platform darwin -- Python 2.7.10, pytest-3.2.1, py-1.5.2, pluggy-0.4.0
rootdir: /Users/jerryzhao/Working/books, inifile:
plugins: xdist-1.22.0, forked-0.2
gw0 [1] / gw1 [1]
scheduling tests via LoadScheduling
.
==================== 1 passed in 21.11 seconds ====================
(python3env)
~/Working/books  master x                                       4h41m ▶ ◖
▶ pytest --browser=chrome --platform='Windows 7' -n 2 -m fail
============================= test session starts =============================
platform darwin -- Python 2.7.10, pytest-3.2.1, py-1.5.2, pluggy-0.4.0
rootdir: /Users/jerryzhao/Working/books, inifile:
plugins: xdist-1.22.0, forked-0.2
gw0 [1] / gw1 [1]
scheduling tests via LoadScheduling
.
==================== 1 passed in 19.38 seconds ====================
```

图 4.37　使用-m 并加上对应的装饰器名

4.4 测试的自动化

4.4.1 需要一个 7×24 小时全年无休的"工人"

到目前为止，我们已经基本上实现了一个自动化测试框架所需的大部分内容，但还缺最重要的一样东西，即所谓的测试自动化，简单讲就是需要自动执行测试。目前大多数的做法是把测试任务放到持续集成服务器上运行，如 Jenkins，这里我们就来分析为什么要这样做，且这样做到底会有哪些好处。

- 测试自动化就是自动执行我们已经写好的"测试脚本"。通常为了加速整个软件的发布流程，我们应该尽可能地加速整个软件发布的自动化过程，而不是依赖手工的方式进行额外的工作。当然，自动化的方式有多种，如有些是定时自动化，即规定每天定时定点执行。目前一种比较流行的方式是，开发人员只要提交新的代码，测试就会自动触发并执行。

- 由于在持续集成服务器上执行自动化测试，因此所有的测试内容对于项目组内的人都是透明的、可见的，包括测试结果以报告都是清晰可见的。

- 要想尽早发现问题，快速、可靠的自动化测试流程是非常有必要的。

如何建立一个作业来自动执行测试？

这里我们选用流行的 Jenkins 作为持续集成服务器，至于如何安装，请读者查阅相关资料，在此不再讲解。

首先，要创建一个作业，你可以认为这是在找一个"工人"帮你干活。然后，告诉他需要干什么。打开 Jenkins，在左上角单击 New Item 按钮，接下来就会看到图 4.38 所示的界面。

如图 4.38 所示，填写"工人"的名字，并选择 Freestyle project 选项，单击 ok 按钮后，就会进入该作业的配置页面。这里最重要的是"告诉"作业需要运行在哪一个从机上（关于如何搭建 Slave 机器，请读者自行查阅资料，这里不做解释），如图 4.39 所示。

Restrict where this project can be run 复选框用于指定这个作业运行在哪一台机器上。如果我们没有指定机器，那么 Jenkins 默认会运行在主机上，通常我们推荐运行在专有机器上，从而保证每个作业独立，不会互相影响。接着需要设置项目的 Git 路径，这里因为把项目放在了 GitHub 上，所以可以直接指定项目的路径，如图 4.40 所示。

如果测试分支在 dev 上，记得把*/master 改成*/dev。接下来，需要把作业加入 Shell 脚本，如图 4.41 所示。

Enter an item name

Selenium_demo

» Required field

Freestyle project
This is the central feature of Jenkins. Jenkins will build your project, combining any SCM with any build system, and this can be even used for something other than software build.

Maven project
Build a maven project. Jenkins takes advantage of your POM files and drastically reduces the configuration.

Pipeline
Orchestrates long-running activities that can span multiple build agents. Suitable for building pipelines (formerly known as workflows) and/or organizing complex activities that do not easily fit in free-style job type.

External Job
This type of job allows you to record the execution of a process run outside Jenkins, even on a remote machine. This is designed so that you can use Jenkins as a dashboard of your existing automation system.

Multi-configuration project
Suitable for projects that need a large number of different configurations, such as testing on multiple environments, platform-specific builds, etc.

Bitbucket Team/Project
Scans a Bitbucket Cloud Team (or Bitbucket Server Project) for all repositories matching some defined markers.

Folder
Creates a container that stores nested items in it. Useful for grouping things together. Unlike view, which is just a filter, a folder creates a separate namespace, so you can have multiple things of the same name as long as they are in different folders.

图 4.38　新建作业的界面

☑ Restrict where this project can be run

Label Expression

stage_testing_slave

Label stage_testing_slave is serviced by 1 node. Permissions or other restrictions provided by plugins may prevent this job from running on those nodes.

Advanced...

图 4.39　从机的配置

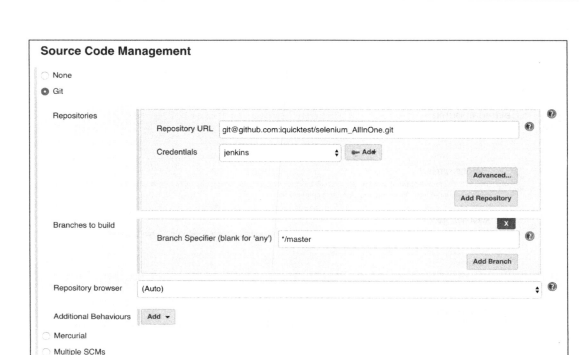

图 4.40　指定 GitHub 路径

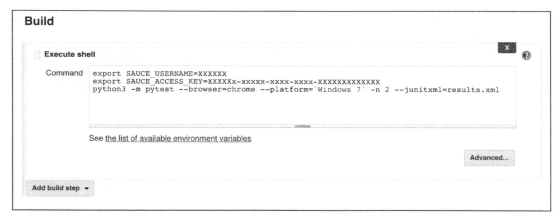

图 4.41　Shell 脚本的内容

　　这里其实就是把之前运行的命令行复制到 Jenkins 的 Shell 中，记得在最后多加一个参数——**junitxml=results.xml**，这样 pytest 在运行完成之后会自动生成一个 results.xml 文件，然后 Jenkins 可以解析这个文件并生成相应的报告。当然，Jenkins 本身不会自动解析这个文件，我们需要加一些配置，如图 4.42 所示。

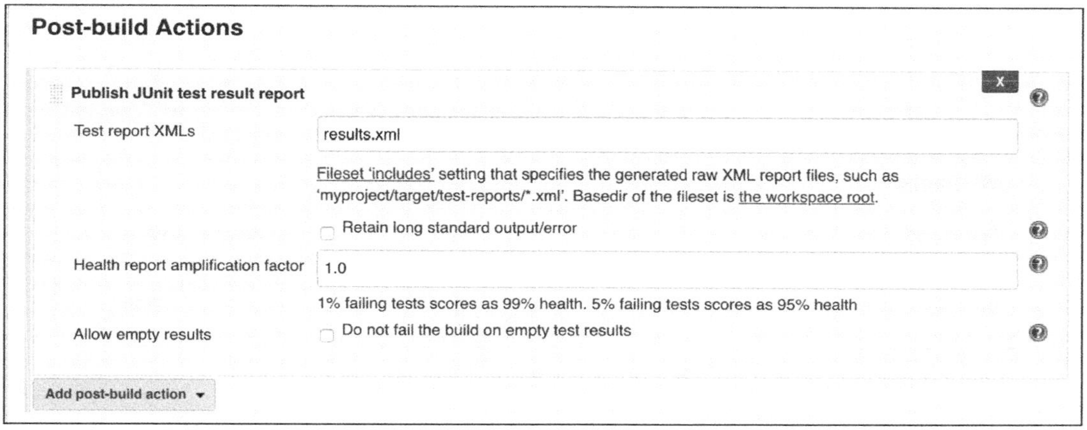

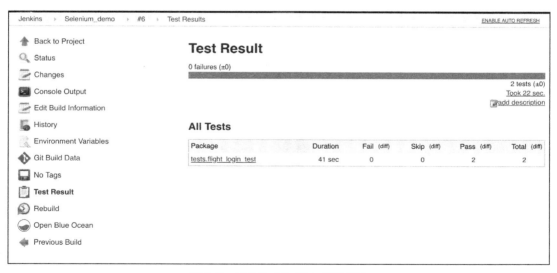

图 4.42　JUnit 测试报告的配置

如图 4.42 所示，在 Test Report XMLs 文本框中输入 results.xml，即前面通过——**junitxml** 指定的文件名，记得一定要完全对应前面指定的文件名，否则会找不到结果文件。最终生成的测试报告如图 4.43 所示。

图 4.43　最终生成的 JUnit 测试报告

由图 4.43 可以看到，本次没有失败的测试，一共有两个测试。单击 tests.flight_login_test 即可看到每一个测试结果的详情，如图 4.44 所示。

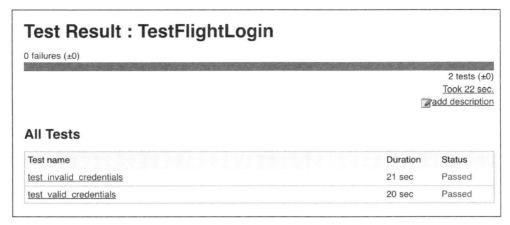

图 4.44　JUnit 测试报告的详情

对应的 Sauce Labs 测试报告，如图 4.45 所示。

图 4.45　对应的 Sauce Labs 测试报告

4.4.2　需要"工人"在完工后给出反馈

为了提高自动化测试的效率，我们往往希望测试运行完毕或者仅当测试出现错误时发送相应的通知给项目组成员，从而可以第一时间获取测试结果，并尽早发现问题、修复问题。

发送通知的方式有很多种，如通过邮件、聊天软件等。这里介绍一下通过 Slack 发送通知的方式。具体步骤如下。

（1）无论采用哪一种通知方式，都要先确保 Jenkins 本身自带这个通知方式，如果没有，需要进入插件管理页面，找到对应的插件并进行安装。通过 Slack 发送通知就需要另外安装 Slack Notification 插件，如图 4.46 所示。

图 4.46　安装 Slack Notification 插件

（2）在安装完插件之后，即可直接在作业的配置页面中添加 Slack 通知的配置，如图 4.47 所示。

Slack Notifications

Notify Build Start ☐
Notify Aborted ☑
Notify Failure ☑
Notify Not Built ☐
Notify Success ☑
Notify Unstable ☐
Notify Regression ☑
Notify Back To Normal ☑

Advanced...

图 4.47　配置通知策略

如果用户需要指定发送到哪一个 Channel，则可以单击界面右下角的 Advanced 按钮，然后填写需要发送的 Channel 名称即可。

（3）运行测试，运行结果如图 4.48 所示。

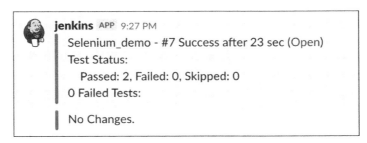

图 4.48　运行结果

4.4.3　需要"工人"与"工人"之间紧密合作

在实际项目测试过程中，通常会使用 Jenkins 的 Pipeline 来实现快速测试及发布，做到作业之间完美衔接。真正意义上的自动化测试流程是开发人员提交代码→部署容器环境→运行测试→发布到正式的测试环境→在测试环境中运行测试。本节主要介绍如何将之前的作业集成到相关的 Pipeline 中。

1．Pipeline 脚本的管理方式

Pipeline 脚本通常有两种管理方式，如图 4.49 所示。

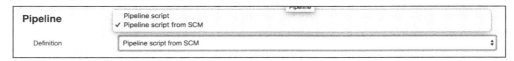

图 4.49　Pipeline 脚本的管理方式

第一种方式是直接将 Piepline 脚本写在 Jenkins 的配置中，第二种方式是通过版本化管理 Pipeline 脚本。两种方式各有优缺点：第一种方式快速、灵活，非常方便调试和更改，但是如果不小心改错了，则不容易找回之前的配置；而对于第二种方式，变更需要依赖 Git，调试不方便，但是非常安全，脚本配置永远不会丢，可以引入 Code Review，所有的内容会存储在项目源码下的 JenkinsFile 内。

两种方式没有绝对的好坏，作者推荐第二种方式。特别是 Jenkins 2.5 支持的 Declarative Pipeline，它的功能更为强大，审查 Pipeline 脚本就变得更重要。

2．自动触发 Pipeline 的常用方式

- 利用 GitHub 触发 Jenkins 的 Pipeline。
- 利用 Jenkins 实现 pollSCM，定时检查项目是否有更新。

第一种方式比较常用，也是推荐的方法。有些时候在很多公司内 Jenkins 只能从内网访问，因此 Github 不能直接访问 Jenkins 服务器，导致第一种方式行不通。此时就

可以考虑第二种方式。当然，这种方式会消耗一部分机器的资源。

3. 一个简单的样例

这里给出一个样例的 Pipeline 脚本，如图 4.50 所示。

```
pipeline {
    agent none
    triggers {
        pollSCM('* * * * *')
    }
    stages {
        stage("Build") {
            steps {
                echo "Build"
                echo "imageName"
                script {
                    echo "build docker image"
                    // TODO: add your job
                }
            }
        }
        stage("Deploy Staging") {
            steps {
                timeout(time:30, unit:'MINUTES') {
                    echo "Starting Depoy to Stage host"
                    // TODO: add your job
                }
            }
        }
        stage("Test Staging") {
            steps {
                timeout(time:30, unit:'MINUTES') {
                    echo "Starting test to Stage host"
                    build 'Selenium_demo'
                }
            }
        }
    }
}
```

图 4.50　一个样例的 Pipeline 脚本

将以上脚本保存到 JenkinsFile 文件中，并将其放置到项目源码中。接着创建一个 Jenkins Pipeline，然后在 Pipeline 最后添加图 4.51 所示的配置内容。

保存并运行脚本即可看到最终的运行结果，如图 4.52 所示。

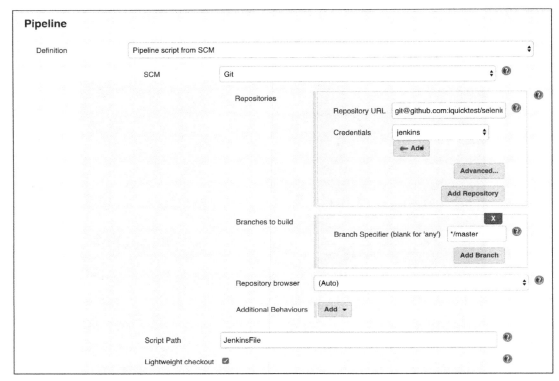

图 4.51　Pipeline 的配置

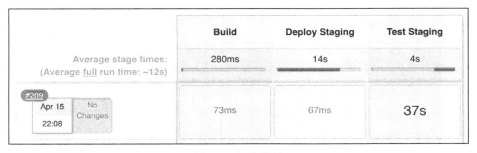

图 4.52　运行结果

4. 脚本分析

在图 4.50 所示脚本中，agent none 用于定义脚本运行的机器。Triggers 表示使用哪一种触发方式，此脚本中使用的是 pollSCM 方式，至于后面为什么有 5 个"*"，这里不做解释了，建议读者直接到 Jenkins 配置页面的 pollSCM 选项内找对应的语法解释。stages下面就是本脚本的主要内容，其结构不难理解。在这个 stages 中会有很多 stage，每一个stage 就代表 Pipeline 中的每一个标题节点，所有 stage 后面的大括号里面的内容很重要，填写的内容会显示在 Pipeline 的标题中。需要注意的是，如果需要在 stage 内调用作业，则必须在 stage 后面跟 step，这样才能保证 Jenkins 可以正常解析。

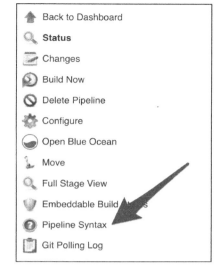

如果在 Pipeline 中需用到数据结构或者循环判断，则必须在代码块的前后添加脚本。

在 Pipeline 脚本中调用作业时，建议使用 Pipeline Syntax 直接生成相应的作业脚本，避免手动输入错误造成后续调试的困难。Pipeline Syntax 的位置如图 4.53 所示。

单击 Pipeline Syntax，首先在弹出的界面中选择 build：Build a job 选项，然后输入作业的名称 Selenium_demo，最后单击 Generate Pipeline Script 按钮生成作业脚本，如图 4.54 所示。

图 4.53　Pipeline Syntax 的位置

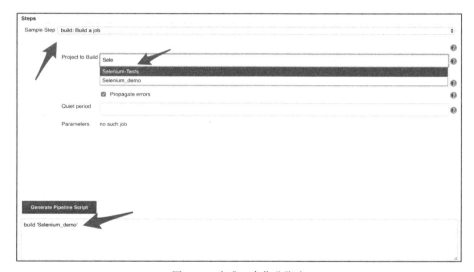

图 4.54　生成一个作业脚本

4.5　本章小结

自动化测试需要测试框架来支持。其实，好的开源自动化测试框架现在特别多，我们完全可以把好的开源框架直接拿来使用。

第5章 接口测试

5.1 引言

近年来，有一个自动化测试概念非常有名，即图 5.1 所示的分层测试自动化金字塔。以前，自动化测试一般只针对 UI 的功能点进行测试，实践以后大家发现，要做到高覆盖率的 UI 自动化测试几乎不太现实，而且收益比较低，每天还担心界面发生变化，界面变化了还要重新测试。尽管随着测试经验的丰富，我们也用上了脚本业务与数据分离、封装公共函数等高级测试技术，但是最后的测试收益率仍然无法提高，很少能实现真正的自动化测试。

图 5.1 分层测试自动化金字塔

近年来，敏捷开发模式的普及促使持续集成的发展，加之手动测试根本无法满足高速的项目迭代和交付，于是接口自动化测试崛起，现已经成为每个公司都在做的一项工作。和以前的功能界面自动化测试"走形式"不同，接口自动化测试，得到每个公司的重视，因为接口自动化测试很科学，性价比很高。

从图 5.1 中可以看到，分层测试自动化金字塔的最底层是单元测试，一般由开发人员完成。单元测试的作用不容忽视，一个即将交付的模块进行过单元测试和没进行过单元测试，其交付质量是有很大的区别的。理论上讲，单元测试的在整个自动化测试所占比例应该是最大的，所以我们也可以看到在分层测试自动化金字塔上，它的"面积"最大。接下来，中间一层是接口测试，其"面积"比单元测试要小一些。现在行业内有一个约定俗成的规矩，即功能点接口测试覆盖率要达到 90%以上，这在以前 UI 功能自动化测试中是根本不敢想象的，不过接口层的自动化测试的确可以做到很高的覆盖率。最后，我们可以看到 UI 测试在分层测试自动化金字塔的上部，其占比并不是很高，一般只要用一些冒烟测试用例和一些高优先级且稳定的功能点测试用例即可。另外，不管是哪个层面的自动化测试，其基本要求是实现持续集成的自动化测试。

5.2　什么是接口

接口主要用于外部系统与系统之间及内部各个子系统之间的交互点。定义特定的交互点后，这些交互点通过一些特殊的规则（也就是我们所说的协议）来进行数据之间的交互。

5.3　接口的类型

从测试工程师尤其是新人的角度来说，如何最快速地理解"接口"？如果我们套用软件测试设计理论里的等价类划分法，接口通常只涵盖以下两种"等价类"。

- 程序内部的接口：方法与方法之间、模块与模块之间的交互，以及程序内部抛出的接口。如 BBS 有登录模块、发帖模块等，用户发帖就必须先登录，因此这两个模块就要交互，程序内部就会抛出一个接口，供内部系统进行调用。

- 系统对外的接口：如从别的网站或服务器上获取资源或信息，这些网站或服务器肯定不会把数据库共享，只能提供一个接口来让用户获取数据，用户引用提供的接口就能达到数据共享的目的。

下面介绍接口的分类。

- WebService 接口采用的接口协议是 SOAP，通过 HTTP 传输，请求报文和返回报文均为 XML 格式，我们在测试的时候要通过工具才能调用和测试 WebService 接口。

- HTTP API：采用的接口协议是 HTTP，通过路径来区分调用方法，请求报文的形成是键-值对，返回报文一般是 JSON 字符串。常用的方法有 GET 方法和 POST 方法。

JSON 是一种通用的数据类型，所有的语言都能识别它。JSON 的本质是字符串，它与其他语言无关，经过加工可以转换成其他语言的数据类型，如可以转换成 Python 中的键-值对形式、JavaScript 中的原生对象、Java 中的类对象等。

5.4　接口的本质和工作原理

可以把接口简单地理解为 URL。其工作原理是 URL 通过 GET 方法或 POST 方法请求向服务器发送一些数据，然后得到相应的返回值。接口的本质就是数据的传输与接收。

5.5　接口测试的定义

接口测试是测试系统组件间接口的一种测试。接口测试主要用于检测外部系统与系统之间及内部各个子系统之间的交互点。测试的重点是检查数据的交换、传递和控制管理过程，以及系统间的逻辑依赖关系等。简单地说，接口测试就是通过 URL 向服务器或者其他模块传输数据，然后看看它们返回的数据是不是预期的。

5.6　接口测试的必要性

做接口测试主要有以下几个原因。

（1）发现底层的 Bug，降低修复成本。

（2）只要接口测试完了，后端就不变了，前端的变化也不会影响后端。

（3）检查系统的安全性、稳定性。

（4）系统的复杂度不断上升，传统测试方法的成本急剧增加且测试效率不断下降，针对这些情况，接口测试可以提供好的解决方案。

（5）接口测试不同于传统的单元测试，接口测试是站在用户的角度对系统接口进行全面、高效、持续的测试。

（6）通过接口自动化测试可以实现自动化持续集成，且相对 UI 自动化测试来讲，其稳定性大幅度增加，可以减少人工回归测试成本，缩短测试周期，满足后端快速发布的需求。

（7）现在很多系统的前后端架构是分离的，从安全层面来说进行接口测试有以下好处。

①　只在前端限制访问已经不能满足系统的安全要求，需要在后端进行控制，因此需要从接口层面进行用户访问验证。

②　前后端传输、日志打印等信息是否加密传输需要验证，特别是涉及用户的隐私信息，如身份证、银行卡等，也需要进行接口测试。

5.7　怎样做接口测试

如果项目前后端调用主要基于 HTTP 接口，可以通过工具如工具 Postman、JMeter、SoupUI 等；或代码模拟 HTTP 请求的发送与接收，也可以用接口自动化来实现，即用测试代码实现，后面会介绍用 Python 3 来实现接口测试自动化的整个过程。

5.8　接口测试的测试点

- 目的：测试接口的正确性和稳定性。
- 原理：模拟客户端向服务器发送请求报文，服务器接收请求报文后对相应的报文进行处理并向客户端返回应答，客户端接收应答。
- 重点：检查数据的交换、传递，控制管理过程，以及处理的次数。
- 核心：持续集成。
- 优点：为高复杂性的平台带来高效的缺陷监测和质量监督能力。平台越复杂，系统越庞大，接口测试的效果越明显（提高测试效率，提升用户体验，降低研发成本）。

对于测试用例设计，通常情况下主要测试最外层的两类接口——数据进入系统的接口（调用外部系统的参数为本系统使用）和数据流出系统的接口（验证系统处理后的数据是否正常）。

问题 1：后端接口测试的测试内容是什么？

对于这个问题，我们可以从接口测试活动内容的角度回答，图 5.2 所示为一些项目后端接口测试的主要内容。

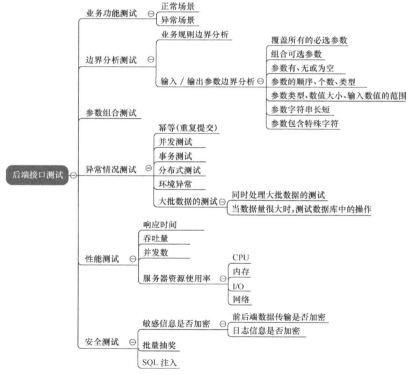

图 5.2　后端接口测试的主要内容

问题 2：后端接口测试一遍，前端接口也测试一遍，是不是重复测试了？

对于这个问题，我们可以通过对比接口测试和 App 端测试活动的内容进行回答，图 5.3 所示是 App 端测试的内容。

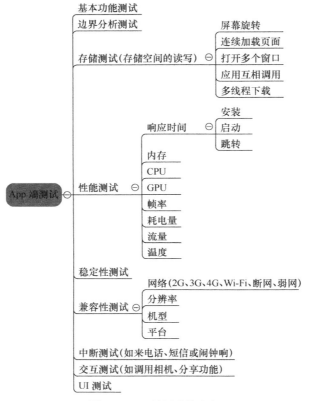

图 5.3　App 端测试的内容

对比图 5.2 和图 5.3 可以看出，两个测试中相同的部分有功能测试、边界分析测试和性能测试。对于其他部分，由于各自特性或关注点不同，需要进行特殊的测试，在此不做讨论。接下来我们针对以上 3 部分相同的内容进行分析。

- 功能测试

由于测试是针对基本业务功能进行的，因此这部分是上述两种测试中重合度最高的一块业务，开发人员通常所做的测试也主要是针对这部分的内容。

- 边界分析测试

在功能测试的基础上考虑输入/输出的边界条件，这部分内容也会有重复的部分（如业务规则的边界）。但是，前端的输入/输出很多时候提供固定的值让用户选择（如下拉框），在这种情况下，测试的边界范围就非常有限，但接口测试不存在这方面的限制，相对来说接口测试覆盖的范围更广。同样地，接口测试发现问题的概率也更高。

- 性能测试

虽然前后端都需要做性能测试，但其关注点不相同。App 端性能测试主要关注与手机相关的特性，如手机 CPU、内存、流量、帧率等；而接口性能测试主要关注接口响应时间、并发、服务端资源的使用情况等。因为两种测试的策略和方法有很大区别，所以这部分内容需要单独进行测试的。

综述

（1）接口测试和 App 端测试有部分重复内容，主要集中在业务功能测试方面。除此之外，针对各自特性的测试都不一样，需要分别进行针对性的测试，才能确保整个产品的质量。

（2）接口测试关注于服务器逻辑验证，UI 测试关注于页面展示逻辑及界面前端与服务器集成的验证。

（3）对于接口测试而言，持续集成自动化是核心内容。通过持续集成自动化的手段，才能做到低成本、高收益。除了实现接口测试的自动化之外，还需要包括下面的内容。

① 在回归阶段提高接口异常场景的覆盖率，并逐步向系统测试、冒烟测试阶段延伸，最终达到全流程自动化测试。

② 实现更加丰富的结果展示、趋势分析、质量统计和分析等。

③ 具有更准确的报错信息、日志，方便复现与定位问题。

④ 加强自动化校验能力，如数据库信息校验。

（4）接口测试的质量评估标准如下：

- 评估业务功能覆盖是否完整；
- 评估业务规则覆盖是否完整；
- 评估参数验证是否达到要求（边界、业务规则）；
- 评估接口异常场景是否完整覆盖；
- 评估接口覆盖率是否达到要求；
- 评估代码覆盖率是否达到要求；
- 评估性能指标是否满足要求；
- 评估安全指标是否满足要求。

（5）接口测试的其他意义。

在工作的流程上，各个测试"角色"是可以互补的，接口测试的设计、用例可以与功能测试和性能测试共享；接口测试的报告可以作为功能测试的重要参考，让工程师了解底层都进行了哪些测试，哪里是缺陷的重灾区，哪里相对安全一些等。在功能测试工程师找到缺陷之后，接口测试工程师可以用代码直接覆盖这个缺陷并将其加入持续自动化测试中，使这个已知的缺陷在后续的版本中，不会成为"漏网之鱼"。

接口测试工程师可以直接对底层系统进行接口的性能测试和压力测试，不用先测试 UI，减少了测试成本，为系统安全提供全方位的质量保障。

5.9　做接口测试需要掌握的知识

做接口测试需要掌握的知识如下：

- 系统及内部各个组件之间的业务逻辑；
- 接口的 I/O（输入与输出）；
- 协议的基本内容，包括通信原理、三次握手、常用的协议类型、报文构成、数据传输方式、常见的状态码、URL 构成等；
- 常用的接口测试工具，如 JMeter、LoadRunner、Postman、SoapUI、QTP（UFT）、Python Requests 等。
- 数据库基础操作命令（检查数据入库、提取测试数据等）。
- 常见的字符类型，如 char、varchar、text、int、float、datatime、string 等。

1. 如何学习这些知识

关于系统间业务交互逻辑，建议通过需求文档、流程图、思维导图、沟通等渠道学习。

关于协议，建议学习《图解 HTTP》（ISBN 是 978-7-115-35153-1）这本书，内容生动，相对容易入门。

关于接口测试工具建议通过网络学习这些工具或者选择合适的书。

关于数据库操作命令建议学习与数据库相关的书。

关于字符类型建议通过网络或相关书学习。

2. 如何获取接口相关信息

一般的项目开发人员或者对应的技术负责人员会编写接口文档，文档中会注明接口相关的地址、参数类型、方法、输入、输出等信息。如果没有接口文档，则只能靠抓包工具慢慢地去探索，然后自己写出一份接口文档。

3. 接口文档的要素

- 封面：封面最好是本公司规定的封面，有徽标、标题、版本号、公司名称及文档产生日期等。
- 修订历史：用表格形式表示较好，表格内容包括版本、修订说明、修订日期、修订人、审核时间及审核人等。
- 接口信息：包括接口调用方式、常用的 GET/POST 方式、接口地址。

- 功能描述：简洁、清晰地描述接口功能，如接口获取的信息包括哪些内容。
- 接口参数说明：每个参数都要和实际中调用的一样，包括大小写；参数应该言简意赅。
- 说明部分：说明参数值需要如何提供，并详细说明参数是怎么生成的，例如，时间戳是哪个时间段的，参数是否必填。关于返回值的说明如下。
  - 最好有一个返回值模板，并说明每个返回值的意义。
  - 提供一个真实的调用接口、真实的返回值。
- 调用限制和安全性：采用加密方式，保证接口调用的安全性。
- 文档维护：在维护文档的时候，如有修改一定要写上修改日期、修改人。另外，对文档大的修改要有版本号变更信息。

下面列出一些接口测试必备的知识点。

1. GET 请求和 POST 请求的区别

（1）GET 使用 URL 或 Cookie 传递参数，而 POST 将数据放在 Body 中。

（2）GET 的 URL 有长度的限制，而 POST 的数据可以非常大。

（3）POST 比 GET 安全，因为数据在地址栏上不可见。

（4）一般 GET 请求用来获取数据，POST 请求用来发送数据。

2. HTTP 状态码

- [2**]：表示这个请求发送成功，最常见的是 200，表示这个请求成功了，服务器也返回了数值。
- [3**]：代表重定向，最常见的是 302，表示把这个请求重定向到其他地方。
- [4**]：代表客户端发送的请求有语法错误。例如，401 表示访问的页面没有授权，403 表示没有权限访问这个页面，404 表示没有这个页面。
- [5**]：代表服务器有异常、例如，500 表示服务器内部异常，504 表示服务器端超时，因此没有返回结果。

3. 怎么测试 WebService 接口

通过 WebService 的地址或者 WSDL 文件，直接在 SoapUI 中导入 WebService 地址，就可以看到 WebService 的所有接口。在调用接口时直接输入参数，运行后即可得到返回结果。

4. Cookie 与 Session 的区别

（1）Cookie 数据存放在客户的浏览器上，Session 数据存放在服务器上。

（2）Cookie 中的数据不安全，用户可以分析存放在本地的 Cookie 并进行 Cookie 欺骗攻击，所以出于安全性考虑应当使用 Session。

（3）Session 会在一定时间内保存在服务器上。用户访问量增多会降低服务器的性能，考虑到服务器的性能，应当使用 Cookie。

（4）单个 Cookie 保存的数据不能超过 4KB，很多浏览器限制一个站点最多保存 20 个 Cookie。

（5）建议将登录信息等重要信息存放在 Session 中，而将其他信息可以放在 Cookie 中。

5.10　本章小结

和复杂的 UI 自动化测试相比，接口测试技术并不难，学习一些工具或者学习第 6 章将要讲到的 Python Requests 包即可快速掌握。接口测试比较难的部分是对各种专业知识的理解，就像性能测试一样，使用测试工具编写一些性能测试脚本其实很简单，但是比较难的是性能分析。

第6章　Python Requests接口测试实战

6.1　API 自动化测试任务

在开始讲解 API 测试之前，先介绍一下模拟测试项目的背景。Node.js 中文社区提供了很多 API 供用户调用，接口的使用说明也很详细。对测试人员来说，这是一个"天然"的 API 自动化测试的练习场。Node.js 中文社区官方首页如图 6.1 所示。

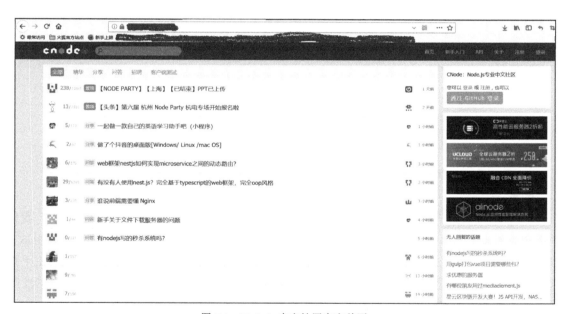

图 6.1　Node.js 中文社区官方首页

现在我们来看一下这个网站提供了哪些 API。单击网站右上方的 API 选项进入 API 说明页。由于提供的 API 较多，这里使用的是前 3 个 API。这 3 个 API 很有代表性，学会用这 3 个 API 做接口测试以后，再用其他 API 做测试，就可以轻松搞定，如图 6.2 所示。

图 6.2　API 说明页

下面对图 6.2 中的 API 进行说明。

图解一

有没有注意到"以下 api 路径均以 http://IP 地址:3000/api/v1 为前缀"这句话？我们对这句话解释一下。其实可以把 HTTP 接口想象成一个完整的 URL，由很多部分组成：第一部分是 IP 地址，由主机和端口号组成，在这里是"http://IP 地址:3000"，记住不要忽略主机和端口号之间的冒号；第二部分是项目中指定的一个标志，这里是"/api/v1"；第三部分是具体的接口定义，在下面会进行讲解。

图解二

"get/topics 主题首页"是这次测试中的一个任务。这只是一个标题而已。注意其下面用横线画出来的语句。这个语句表示，调用这个接口将发送一个 get 请求。

那么，这个接口该怎么访问呢？其实细心的读者应该已经看到，下面提供了一个"示例"，展示了访问方法，不过需要和之前的前缀进行拼接才可以访问接口。所以，这个接口的完整 URL 是 http://IP 地址:3000/api/v1/topics。

　　这个接口可以让我们通过一些参数，获取对应主题的具体页中的所有帖子。page 参数用于指定页数，即要访问具体哪一页上的帖子。假设一共有 100 页，如果 page 参数为 88，那么返回的响应信息就是第 88 页上的所有帖子。tab 参数有 4 种类型，分别是 ask、share、job 和 good。如果测试时输入的参数不按要求填写，测试会出现异常情况。limit 参数控制每页显示的主题数量，假如一共有 1000 个主题，如果 limit 参数取 100，那么一共有 10 页；如果 limit 参数取 50，那么一共有 20 页。切记 limit 参数是影响 page 的返回值的。参数 mdrender 的默认值为 true。一般情况下，在工作中出现这种值，表示这个参数是非必填参数，不填的时候，它会使用默认值。

　　图解三

　　"get/topic/:id 主题详情"是这次测试中的另外一个任务。这也是一个 get 请求的接口，完整 URL 是 http://IP 地址:3000/api/v1/topic/一串 id 号，调用这个接口有两个需要注意的地方。第一，这个接口的作用是查看某个帖子的具体内容，所以要通过传入不同的 id 来控制如何要看哪个帖子的详情，但是我们事先是不知道这个 id 的，因此动态获得这个 id 将是最关键的一步。第二，在这个接口中，参数 accesstoken 是非必填参数。如果要填这个参数，填什么？让我们把悬念留到图解四。

　　图解四

　　"post/topics 新建主题"是这次测试中的最后一个任务。不过这次不是 get 请求，是 post 请求。完整的 URL 是 http://IP 地址:3000/api/v1/topics。

　　我们来分析一下几个参数。tab 参数刚才说过了，这里不再解释。title 参数就是帖子的标题，在测试中输入参数时可根据自己的喜好填写。另外，在之前讲解接口测试概念时也说过了，前端的标题是有字数限制的，但在接口测试中，可以随意输入足够长的标题或者不输入标题进行测试，以便检查返回结果是不是想要的异常预期，或者测试这个接口会不会因为不按规范输入参数产生错误信息。content 参数和 title 的作用差不多，就是帖子的具体内容，你可以写一段类似于这样的文字"中国队夺冠了！\n 中国足球队真棒！"。这里注意帖子内容中特地用下画线标注的"**\n**"，其实这是一个换行符，在测试帖子内容时，我们也要考虑换行符。accesstoken 参数在这个接口里是必填的，在 Node.js 中文社区中，如果接口不需要输入参数 accesstoken，我们可以不注册账号，直接访问接口，但是一旦需要输入参数 accesstoken 时，我们需要先注册一个账号，然后登录这个社区，如图 6.3 所示。

　　从图 6.3 可以看到，用户使用 testuser18 这个账号登录了 Node.js 中文社区。接下来，单击"设置"选项进入设置页面，在设置页面最下面，我们可以看到这个账号的 Access Token，每个账号都绑定一个 Access Token。在测试时只需要把它记下来并放到代码中就行，如图 6.4 所示。

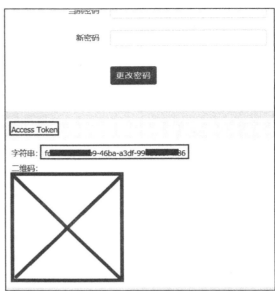

图 6.3　登录 Node.js 中文社区　　　　图 6.4　Access Token 字符串

以上是这个网站中 Access Token 的获取方法，但是有的网站会提供一个接口让用户获取令牌（token），用户只要用代码调用这个接口，即可从返回结果提取这个令牌。

6.2　Python 3+unittest+HTMLReport+DDT 框架

前面介绍了模拟测试项目的基础内容，下面介绍代码部分。编程使用的是 Python 3.6 版本，IDE 选择的是 PyCharm，单元测试框架使用的是 unittest，选用经典的 HTMLTestRunner（很多人喜欢直接称它为 HTMLReport）作为用例的启动、运行装置和报告生成器。另外，这个框架还要使用 DDT（data Driven Test）模式，顾名思义就是数据驱动测试模式。

6.2.1　项目介绍

下面让我们看一下这个项目的文件结构，如图 6.5 所示。
- 全栈测试自动化之接口测试实例（文件夹）：项目工程的名称，在本地是一个文件夹。
- CNode 专业中文社区 API 测试（文件夹）：这是 Python 包的名称。
在这个"包"文件夹下有一个 __init__.py 文件，有了这个文件，它所在的文件夹就升级成"包"了。可以在 PyCharm 中直接创建 Python 包，这样，__init__.py 是自动生成的；

也可以创建一个文件夹，然后手动创建这个 py 文件。总而言之，有这个 py 文件，它所在的文件夹就是"包"了；没这个 py 文件，它所在的文件夹就是一个"普通文件夹"。

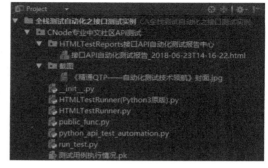

- HTMLTestReports 接口 API 自动化测试报告中心（文件夹）：用来存放自动生成的 HTMLReport。

- 截图（文件夹）：用于存放截图文件。

- ＿＿init＿＿.py（Python 文件）：这个文件可以是没有内容的，其作用在前面已讲过，这里不再赘述。

图 6.5　项目的文件结构

- HTMLTestRunner（Python 3 原版）.py（Python 文件）这是作者根据 Python 3 的特性修改的，用于存放测试报告。

- HTMLTestRunner.py（Python 文件）：这个是在本实例中所使用的文件，主要用于把测试报告中的文字转换为自定义的中文，注意，这个文件的文件名不能修改，而且强烈建议将其和 run_test.py 运行测试文件放在同级目录，不要将其放在..\Python36\Lib\site-packages 文件夹下。

- public_func.py（Python 文件）：这个文件主要存放作者封装的一些公共类，后面会分析里面的内容，注意，Python 所提倡和约定的文件命名规则是全小写，有空格的用下画线替代。

- python_api_test_automation.py（Python 文件）：这个文件存放着所有业务，是一个业务脚本（主文件），业务分两种，一种是公共业务方法，另一种是调用公共业务方法的（业务）测试方法。

- run_test.py（Python 文件）：这个是 HTMLTestRunner 的主控文件，用来运行测试用例并产生测试报告，这个文件是比较独立的文件，文件里面就是几个 def 文件，不需要封装。

- 测试用例执行情况.pk（Python 文件）：这个文件是运行一次业务脚本以后自动产生的，是一个 Pickle 文件，在序列化和反序列化时，存放我们想要保存到系统内存中的数据，还可以用于一些特殊情况下的数据中转和共享，其实，也可以把这些数据写在本地的 TXT 文件、Excel 文件或者 CSV 文件中，但是这样做比较麻烦，例如，若把数据写到 Excel 文件，那么换一台新计算机执行测试脚本时，用户还得每次都安装 Excel。

另外，利用 Pickle 这个 Python 模块（需要使用 pip 先安装这个模块并导入才能使用）进行序列化，还是比较安全的，因为尝试打开 Pickle 文件后，看到的是一串乱码，如图 6.6 所示。

图 6.6　打开的 Pickle 文件是一串乱码

至此，这套接口自动化测试实例的大致结构介绍完了。

一般情况下，在编写测试脚本时，我们先编写业务脚本。在编写脚本的过程中，一些公共代码是可以封装成类或者方法的，这种情况下可以新建一个独立文件，把这些公共代码放进去；最后，单独编写一个运行测试业务并生成独立测试报告的脚本，即可完成测试用例的编写。

6.2.2　python_api_test_automation.py

本节逐段分析业务脚本 python_api_test_automation.py。

该脚本的第 1～5 行如下。

```
1   # -*- coding:utf-8 -*-
2
3   import unittest
4   from CNode 专业中文社区 API 测试.public_func import HttpRequest
5   from ddt import ddt, data, unpack
```

第 1 行很重要，是编码声明，使用 utf-8 编码方式。每一个 py 文件都应该在第 1 行写上该句，这是一个好习惯。另外，"#"号是 Python 代码中的注释符号，所以编码声明是以注释语句的方式出现的。

第 3 行用于导入 unittest 模块。第 4 行用于从"CNode 专业中文社区 API 测试"这个 Python "包"下的 public_func 模块下（作者把所有公共类和公共方法都放在了这个模块中）导入 HttpRequest 公共类。第 5 行用于从 ddt 模块导入几个要用到的方法。ddt 需要安装，不然无法导入。安装很简单，在 cmd 下使用"pip install ddt"命令即可。

无论如何都要记住，当需要使用某模块的内容时，需要先导入此模块才能使用。

该脚本的第 8～10 行如下。

```
8   @ddt
9   class CNodeApiTest(unittest.TestCase):
10      ''' Python+Unittest+HTMLReport+DDT 实在太强大了!!! '''
```

第 9 行是一个 UnitTest 的测试类，类名随便取，这里的名称是 CNodeApiTest。后面括号中的内容表示继承了 unittest.TestCase，这一点很重要，不然 CNodeApiTest 就不是 UnitTest 的继承类。一旦继承了 UnitTest，运行 py 文件时，这个类的运行方式就发生变化了，如图 6.7 所示。

图 6.7 在 PyCharm 中类的运行方式

第 8 行代码表示,当想要对测试类引入"数据驱动测试"模式时,请加上"@ddt"进行引用,这样才能在后面测试类的测试方法中正常使用。"@"符号在 Python 中叫作装饰器,在程序中要用 ddt 就要用装饰器。

第 10 行代码是 Python 的另一种注释方式,这里是有其他作用的。在测试类的第 1 行中使用这种注释方式,在生成的 HTML Report 中可以看到用中文表示的注释。如果类名是英文的,不太直观,那么通过写成中文注释,即可清晰地描述这个测试类,如图 6.8 所示。

图 6.8 测试类的注释

该脚本的第 11~14 行如下。

```
11 def setUp(self):
12     # print('每执行一次 test 方法,都会在开始前调用一次 setUp 方法')
13
14     self._assertion_flag = True
```

在继承了 unittest.TestCase 后,每个测试类都有一个且必须只能有一个 setUp 方法,它的作用是"每执行一次 test 方法,都会在开始前调用一次 setUp 方法"。

self._assertion_flag = True 语句是一个验证标志位,这是在 setUp 方法中设计的。每次执行 test 方法时都要将该语句初始化为 True,在后续执行各个 test 方法时,如果有验证失败的情况,就会把这语句标记为 False。

这里要注意 self 这个关键字,这是一个很重要的概念。这里大致讲解一下:测试类由很多测试方法,以及 setUp 方法和 tearDown 方法组成,这些方法都是独立的,要在测试类的不同测试方法间共享数据，变量前一定要加"self."。另外，名称以"_"开头的变量在 Python 中表示私有变量。也可以在方法前加上"_"，表示它是私有方法，在实例化的时候，私有方法是不会暴露出来的。

该脚本的第 16～32 行如下。

```
16  def tearDown(self):
17      # print('每执行一次 test 方法，都会在结束后调用一次 tearDown 方法')
18
19      from CNode 专业中文社区 API 测试.public_func import 测试用例执行情况统计分析器
20      统计分析器实例 = 测试用例执行情况统计分析器()
21      统计分析器实例.增加测试用例执行次数()
22      if self._assertion_flag == False:
23          统计分析器实例.增加测试用例失败次数()
24
25      _已执行测试用例总次数 = 统计分析器实例.已执行测试用例总次数()
26      _测试用例失败总次数 = 统计分析器实例.测试用例失败总次数()
27
28      print(u'\n 已执行测试用例总次数：{0}'.format(_已执行测试用例总次数))
29      print(u'测试用例失败总次数：{0}'.format(_测试用例失败总次数))
30      print(u'测试用例执行成功率：{0}'.
31          format(str('%.2f' % ((_已执行测试用例总次数 - _测试用例失败总次数)/_已执行测
            试用例总次数*100))) + '%')
32      print(u'测试用例执行失败率：{0}'.format(str('%.2f' % (_测试用例失败总次数/_已执行测试
            用例总次数*100))) + '%')
```

在继承了 unittest.TestCase 后，每个测试类都有一个且必须只能有一个 tearDown 方法，它的作用是每执行一次 test 方法，都会在结束后调用一次 tearDown 方法。通常，我们把一些环境清理任务放在 tearDown 方法中。

第 19 行代码表示从 public_func 模块下导入封装的"测试用例执行情况统计分析器"公共类。

第 20 行是一个实例化语句，只有执行实例化，我们才能使用公共类。

第 21 行是实例化后的"增加测试用例执行次数"的方法。

第 22 行和第 23 行是重要的语句。上面已经讲过，以 self 开头的变量可以在类里共享。这里的作用是判断。如果测试方法运行后断言失败，那么在执行 tearDown 时就调用"增加测试用例失败次数"方法。

第 25 行和第 26 行语句中的变量为什么不用 self 开头？因为它们不需要共享，它们只在 tearDown 里用到。其实这就是 Python 里"类的作用域"的概念，一定要好好理解，掌握这个知识点。

第 28～32 行表示在每次一个测试方法执行之后，都输出一些数据，进行测试执行分析。这是使用 Pickle 模块实现的，后面会进行讲解。

提示

　　在这个实例中，作者使用了很多中文的变量、实例化名、方法等，这在 Python 中是允许的，但是不推荐这么做，作者这么做是为了更直观地讲解，请勿模仿！

该脚本第 34～49 行如下。

```
34 def 接口_主题_主题首页(self, page, tab, limit, mdrender):
35     '''
36     这是一个被封装的业务方法，供测试方法调用
37     '''
38
39     _payload = {'page': page,
40                 'tab': tab,
41                 'limit': limit,
42                 'mdrender': mdrender}
43     topics_homepage = HttpRequest('/topics')
44     _response = topics_homepage.get(_payload)
45     # print(u'响应报文：', _response)
46
47     _success = _response['success']
48     # print(u'响应结果"success"：', _success)
49     return _success
```

　　上述代码表示一个业务方法，只封装业务，不做具体的测试验证，即"断言"。这是一种设计思想，也必须这么做，因为很多组合业务的测试是要调用各种不同业务的，如果不抽离并封装业务脚本，那么测试代码就有许多重复代码，这种编程方式是不可取的。

　　这个业务方法的参数是接口说明文档中所需填写的参数值。

　　在第 39～42 行中，_payload 是输入参数的一个 JSON 格式的字典，由方法的参数传入具体的值。

　　第 43 行用于实例化 public_func 模块下的 HttpRequest 公共类。

　　HttpRequest 类的代码如下。

```
class HttpRequest(object):
    def __init__(self, api_name):
        self._host_and_port = 'http://IP 地址:3000'
        self._api_prefix = '/api/v1'
        self._api_name = api_name
        self._url = self._host_and_port + self._api_prefix + self._api_name
        print(u'拼接完毕后的最终 URL 是：', self._url)

    def get(self, payload):
        _response = requests.get(url=self._url, data=payload)
        return _response.json()
```

```
    def post(self, payload):
        _response = requests.post(url=self._url, data=payload)
        return _response.json()
```

这个公共类用于处理 HTTP 请求并返回响应报文内容，由构造函数、get 方法和 post 方法组成。

先来看看构造函数__init__，其参数是 api_name，它是具体的测试接口。如果在构造函数中设置参数，那么在实例化引用时就一定要有转入参数。构造函数主要用于拼接最后的 URL，我们可以看到变量也使用了 self，因为只有这样，变量才能在 get 方法和 post 方法中共享。

get 方法和 post 方法的作用一目了然。需要使用 get 请求时调用 get 方法，需要使用 post 请求时调用 post 方法。这两个方法除了这些区别外，没有其他区别了。它们的参数是 payload，即具体的输入的集合，我们习惯称它为"包体"。这两个方法都有返回值。

讲完 HttpRequest 公共类后，我们再返回"业务方法"，回到第 43 行代码，我们在实例化时，就把具体的接口/topics 作为参数加进去了，不然会报错。第 44 行代码用于发送 get 请求获得解析后返回的报文，并把该报文赋给变量_response。返回的报文是一个 JSON 格式的字典，如图 6.19 所示。

图 6.9   返回的报文

在第 47～49 行中，这个接口只需要验证返回的报文中 success 是否是 True 即可，所以只读取了 success 这个键的值，并返回一个值，后续在测试方法中验证这个值。

该脚本的第 51～68 行如下。

```
51  def 接口_主题_新建主题(self, access_token, title, tab, content):
52      '''
53      这是一个被封装的业务方法，供测试方法调用
54      '''
55
```

```
56        _payload = {'accesstoken': access_token,
57                    'title': title,
58                    'tab': tab,
59                    'content': content}
60        topics_create_a_topic = HttpRequest('/topics')
61        _response = topics_create_a_topic.post(_payload)
62        # print(u'响应报文: ', _response)
63
64        _success = _response['success']
65        # print(u'响应结果"success": ', _success)
66        _topic_id = _response['topic_id']
67        # print(u'响应结果"topic_id": ', _topic_id)
68        return _success, _topic_id
```

这同样也是一个业务方法，供测试方法调用。这里需要注意的是返回值，除了读取并返回_success 以外，还返回_topic_id，这个值很关键，它后续并不一定要验证，它的作用是动态获取 topic_id 并传给后续的业务脚本使用。所以，"新建主题"这个接口其实是很多业务组合的入口，是相当重要的。

该脚本的第 70～97 行如下。

```
70  def 接口_主题_主题详情(self, topic_id, mdrender, access_token):
71        '''
72        这是一个被封装的业务方法，供测试方法调用
73        '''
74
75        _payload = {'mdrender': mdrender,
76                    'accesstoken': access_token}
77        topics_topic_details = HttpRequest('/topic' + '/' + topic_id)
78        _response = topics_topic_details.get(_payload)
79        # print(u'响应报文: ', _response)
80
81        _success = _response['success']
82        # print(u'响应结果"success": ', _success)
83        _data_json_dict = _response['data']
84        # print(u'响应结果"data": ', _data_json_dict)
85        _topic_id = _data_json_dict['id']
86        # print(u'响应结果"id": ', _topic_id)
87        _title = _data_json_dict['title']
88        # print(u'响应结果"title": ', _title)
89        _tab = _data_json_dict['tab']
90        # print(u'响应结果"tab": ', _tab)
91        _content = _data_json_dict['content']
92        # print(u'响应结果"content": ', _content)
93        from CNode 专业中文社区 API 测试.public_func import PublicFunc
94        public_function = PublicFunc()
95        _content_without_html_label = public_function.wipe_off_html_labels(_content)
96        # print(u'利用"正则"去除 html 标签后的效果如下:
          \n{0}'.format(_content_without_html_label))
```

```
97      return _success, _topic_id, _title, _tab, _content_without_html_label
```

上述代码表示的业务作用是查看"主题详情"，需要提供 topic_id。代码后面的 test 方法获取这个参数并输入。在这个业务中，返回值比较多，因为要验证的内容很多，除了 _success 之外，还有 _topic_id、_title、_tab 及 _content，我们既要在入参时填写这些数据，在返回的报文中也要验证这些数据。

下面主要讲解第 91～95 行，这几行语句的作用是验证帖子内容是不是和输入参数一致。运行后发现，返回报文携带了 HTML 标签，如图 6.10 所示。

响应结果"content": <div class="markdown-text"><p>余杰 赵旭斌 编著 感谢广大读者多年来的大力支持！</p></div>

图 6.10　返回内容带有 HTML 标签

为了去除 HTML 标签，在 PublicFunc 类里写了一个公共方法 wipe_off_html_labels()。这个方法的作用就是去除 HTML 标签。我们一起来看一下这个方法是怎么实现的，如图 6.11 所示。

这个方法的输入参数就是想要去除

图 6.11　去除 HTML 标签的公共方法

HTML 标签的字符串，然后通过正则表达式把 HTML 标签去除，最后返回"纯净"的报文内容。

所有的业务方法已经讲完了，接下来看一下调用这些业务的 test 方法。UnitTest 框架规定，框架只会执行以"test"开头的测试方法，所以业务方法本身是不会执行的，正是因为利用了这一点，我们才成功地将业务和测试验证进行了分离。

该脚本的第 99～129 行如下。

```
99   # @unittest.skip('该测试用例已被屏蔽，将不被执行；若要恢复，请注释掉本行代码！')
100  @data([1, 'ask', 5, 'true'],
101        [1, 'share', 10, 'false'],
102        [1, 'job', 5, 'true'],
103        [1, 'good', 10, 'false'])
104  @unpack
105  def test_接口_主题_主题首页(self, ddt_page, ddt_tab, ddt_limit, ddt_mdrender):
106      '''接口测试用例 - 1 个验证点'''
107      print(u'------ 执行 test 测试方法并读取 ddt ------')
108      _page = ddt_page
109      print(u'参数"accesstoken": ', _page)
110      _tab = ddt_tab
111      print(u'参数"title": ', _tab)
112      _limit = ddt_limit
113      print(u'参数"tab": ', _limit)
114      _mdrender = ddt_mdrender
115      print(u'参数"content": ', _mdrender)
```

```
116
117    print(u'\n------ 调用业务方法，并传递 ddt 的参数 ------')
118    _返回值_布尔值 = self.接口_主题_主题首页(_page, _tab, _limit, _mdrender)
119    print(u'所有返回值：', _返回值_布尔值)
120
121    _validate_was_successful = _返回值_布尔值
122    try:
123        self.assertTrue(_validate_was_successful, u'验证失败：响应结果"success"不是
124        True，而是'+ str(_validate_was_successful))
125    except AssertionError as assertion_err_1:
126        print(u'断言失败的具体信息：', assertion_err_1)
127        self._assertion_flag = False
128
129    self.assertTrue(self._assertion_flag, u'测试用例运行完毕，发现有断言失败的情况，详
           情请见断言失败的具体信息...')
```

在第 99 行代码中，@unittest.skip 是 unittest 框架自带的装饰器，它的作用是屏蔽测试方法，当不需要执行这个测试方法时，把这行代码注释掉即可。

第 100～104 行是 ddt 的具体使用了，它的基本语法规则是@data()。这个容器中可以放字符串、数字、布尔值、数组甚至本地的文件等。多个测试用例间以逗号隔开。因为有多个参数，所以这里使用了列表数组，一共使用了 4 个数组，代表 4 个测试用例（@unpack 装饰器的作用是解压这些测试用例）。这也是 ddt 的魅力，因为如果没有 ddt，你想写 100 个测试用例，就要复制 test 方法 100 次，而有了 ddt，你只要写 100 个 ddt 数据即可，每个 ddt 数据都会自动生成一个测试用例。ddt 在 HTMLReport 中的效果如图 6.12 所示。

图 6.12　ddt 在 HTMLReport 中的效果

如图 6.13 所示，先来看一下"方框 1"。我们可以看到，用了 ddt 以后，同一测试类的用例会自动从编号 1 开始顺序生成。编号后面显示的是输入参数时的所有数据。

我们再来看看"方框 2"。测试类名后有一个冒号，然后跟了一串中文字符，这就是测试方法下的第一段注释（第 106 行），这是一个很实用的功能。

另外，在前面我们看到了很多 print 语句。这里请记住，这些 print 语句会在 HTMLReport 里显示，所以冗余的 print 语句记得注释掉，只保留需要在测试报告里显示的，如图 6.13 所示。

图 6.13　print 语句在 HTMLReport 中会显示

第 118～129 行是 test 方法最关键的部分。我们在第 118 行调用业务方法"接口_主题_主题首页"，并将这个方法的返回值赋予一个变量。这里为什么要在需要调用的方法名前加"self."呢？因为 test 方法和这个业务方法属于同一个类，同一个类的不同方法间的调用必须要以"self"开头，self 的意思就是告诉你："我们是自己人，是自家兄弟姐妹"。在获取返回值后，我们就要对返回值进行断言，这里先略过。因为只有一个断言，所以放到后面那些断言多的 test 方法里去讲解这些知识点。

让我们继续往下看程序代码。

第 132～167 行代码如下。

```
132 @data(['fd795896-33b9-46ba-a3df-9941ed574f86', '新书《全栈软件测试自动化》', 'ask',
133     '赵旭斌　余杰　编著\n 让广大读者久等了，We wake up!'],
134     ['fd795896-33b9-46ba-a3df-9941ed574f86', '老书《精通QTP——自动化测试技术领航》
135     ', 'share', '余杰　赵旭斌　编著\n 感谢广大读者多年来的大力支持！'])
136 @unpack
137 def test_接口_主题_新建主题(self, ddt_access_token, ddt_title, ddt_tab, ddt_content):
138     '''接口测试用例 - 两个验证点'''
139     print(u'------ 执行 test 测试方法并读取 ddt 数据驱动 ------')
140     _access_token = ddt_access_token
141     print(u'参数"accesstoken"：', _access_token)
142     _title = ddt_title
143     print(u'参数"title"：', _title)
```

```
144        _tab = ddt_tab
145        print(u'参数"tab": ', _tab)
146        _content = ddt_content
147        print(u'参数"content": ', _content)
148
149        print(u'\n------ 调用业务方法，并传递 ddt 数据 ------')
150        _返回值列表 = self.接口_主题_新建主题(_access_token, _title, _tab, _content)
151        print(u'所有返回值: ', _返回值列表)
152
153        _validate_was_successful = _返回值列表[0]
154        _validate_topic_id = _返回值列表[1]
155        try:
156            self.assertTrue(_validate_was_successful, u'验证失败：响应结果"success"不是
157                True，而是'+ str(_validate_was_successful))
158        except AssertionError as assertion_err_1:
159            print(u'断言失败的具体信息: ', assertion_err_1)
160            self._assertion_flag = False
161        try:
162            self.assertIsNotNone(_validate_topic_id, u'验证失败：响应结果"topic_id"是空值！')
163        except AssertionError as assertion_err_2:
164            print(u'断言失败的具体信息: ', assertion_err_2)
165            self._assertion_flag = False
166
167        self.assertTrue(self._assertion_flag, u'测试用例运行完毕，发现有断言失败的情况，
                详情请见断言失败的具体信息...')
```

上述代码是测试"新建主题"的测试方法，不多做讲解，不过记住，第 150～167 行间有一个"新建主题后获取返回值（有多个返回值返回 List 对象），并进行断言验证"的动作。

代码中最后一个 test 方法（第 169～233 行）比较长，其中的内容如下。

```
169 @data([['fd795896-33b9-46ba-a3df-9941ed574f86', '新书《全栈软件测试自动化》
170 ', 'ask',  '赵旭斌　余杰 编著\n 让广大读者久等了，We wake up!', 'true'],
171        ['fd795896-33b9-46ba-a3df-9941ed574f86', '老书《精通 QTP—自动化测试技术领航》
172        ', 'share', '余杰　赵旭斌 编著\n 感谢广大读者多年来的大力支持！', 'false'])
173        @unpack
174        def test_接口_主题_主题详情
175        (self, ddt_access_token, ddt_title, ddt_tab, ddt_content, ddt_mdrender):
176            '''接口测试用例 - 5 个验证点'''
177            print(u'------ 执行 test 测试方法并读取 ddt 数据驱动 ------')
178            _access_token = ddt_access_token
179            print(u'参数"access_token": ', _access_token)
180            _title = ddt_title
181            print(u'参数"title": ', _title)
182            _tab = ddt_tab
183            print(u'参数"tab": ', _tab)
184            _content = ddt_content
185            print(u'参数"content": ', _content)
186
```

```
187         print(u'\n 调用前置步骤"新建主题"的方法...')
188         _返回值列表 = self.接口_主题_新建主题(_access_token, _title, _tab, _content)
189         _topic_id = _返回值列表[1]
190         _mdrender = ddt_mdrender
191
192         print(u'\n------ 调用业务方法，并传递 ddt 参数 ------')
193         _返回值列表 = self.接口_主题_主题详情(_topic_id, _mdrender, _access_token)
194         print(u'所有返回值：', _返回值列表)
195
196         _validate_was_successful = _返回值列表[0]
197         _validate_topic_id = _返回值列表[1]
198         _validate_title = _返回值列表[2]
199         _validate_tab = _返回值列表[3]
200         _validate_content = _返回值列表[4]
201
202         try:
203             self.assertTrue(_validate_was_successful, u'验证失败：响应结果
204             "success"不是 True，而是'+ str(_validate_was_successful) + '\n')
205         except AssertionError as assertion_err_1:
206             print(u'断言失败的具体信息：', assertion_err_1)
207             self._assertion_flag = False
208         try:
209             self.assertEqual(_validate_topic_id, _topic_id, u'验证失败：响应结果
                        "topic_id"和输入参数时不一致！\n')
210         except AssertionError as assertion_err_2:
211             print(u'断言失败的具体信息：', assertion_err_2)
212             self._assertion_flag = False
213         try:
214             self.assertEqual(_validate_title, _title, u'验证失败：响应结果"title"
215                 和输入参数时不一致！\n')
216         except AssertionError as assertion_err_3:
217             print(u'断言失败的具体信息：', assertion_err_3)
218             self._assertion_flag = False
219         try:
220             self.assertEqual(_validate_tab, _tab, u'验证失败：响应结果"tab"和入参时不一致！\n')
221         except AssertionError as assertion_err_4:
222             print(u'断言失败的具体信息：', assertion_err_4)
223             self._assertion_flag = False
224         try:
225             self.assertEqual(_validate_content.strip(), _content.strip(), u'验
                        证失败：响应结果"content"和输入参数时不一致！\n')
226         except AssertionError as assertion_err_5:
227             print('断言失败的具体信息：', assertion_err_5)
228             self._assertion_flag = False
229
230         self.assertTrue(self._assertion_flag, u'测试用例运行完毕，发现有断言失败的情
                    况，详情请见断言失败的具体信息...')
231
232 if __name__ == '__main__':
233     unittest.main()
```

首先，我们看一下第 188～189 行。在讲解之前，先问一个问题。虽然这个 test 方法是测试主题详情的，但是主题从哪里来？在自动化测试中，一般情况下，最好的处理办法是创建一个新帖子，然后去查看这个新帖子的内容来做验证测试。从这两行代码中可以看到一些"细节"，其实这也是一种自动化测试设计思路。这里调用了"新建主题"业务方法，但是当前测试的是"主题详情"，所以不需要对"新建主题"进行验证。其实"新建主题"这个业务方法不仅有 topic_id 这个返回值，还有其他返回值，但是后续只需要topic_id 这个值，所以其他值不用再读取了。

接着，我们看一下第 193 行，这里正式调用了"主题详情"这个业务方法，并输入之前"新建主题"后得到的 topic_id。最后我们会得到一些事先设计好的返回值，这些返回值是用来验证断言的。

最后，我们讲解之前直接跳过没有细讲的断言部分。断言是自动化测试（无论是 UI 层还是 API 层）的精髓，没有经过断言验证的，那叫"按键精灵"，不叫"测试"。

在这个 test 方法中，断言还是比较多的。断言越多，自动化测试越精细。当然，考虑到自动化测试的成本，我们要在有限的人工成本下合理地使用断言。我们以第 209 行的语句为例介绍断言。

```
209 self.assertEqual(_validate_topic_id, _topic_id, u'验证失败：响应结果"topic_id"和入
       参时不一致！\n')
```

在 UnitTest 单元测试框架中，断言语句必须以 self 开关。换言之，断言语句就是由 self 标记的方法。每种断言方法后面的参数数量是不同的。例如，assertEqual 用于断言对象 A 等于对象 B，有两个参数，但是无论如何，最后一个可选参数永远是 Msg。我们可以输入一些文字，当断言失败以后（例如，当对象 A 不等于对象 B 时），这些文字就能显示出来了。另外，要注意的是，当断言失败以后，即使没有 print 语句，Python 控制台和HTMLReport 也会显示断言失败的消息。

方法 assertEqual，unittest 的断言方法如图 6.14 所示，有兴趣的读者可以尝试一下。

图 6.14 UnitTest 的断言方法

接着，我们讲解第 202～227 行程序语句，其中有许多 try … except …**语句**，这是要讲的重点内容。"try…except …"用于处理 Python 异常（相当重要的基础知识，如果对其理解不透彻，则自动化测试很难实现）。其完整形式如下。

```
try:
    try 语句 1
```

```
          try 语句 n
except(1):      # 例如：except ValueError as val_err：
          捕获到 try 的异常后的处理语句
except(n):      # 例如：except AssertionError as assertion_err：
else:
          当 try 语言全部执行完并且没有捕获到异常或错误以后执行的语句块
finally:
          无论有没有异常或错误，最后都要执行的语句块
```

这里作者只是抛砖引玉一下，这属于 Python 的知识，更多细节内容（如异常处理特性）需要靠读者自己去摸索。

有读者会问：为什么要有那么多的异常处理语句？不要异常处理语句行吗？答案是否定的。如果只有一个断言验证，的确可以不需要异常处理机制，但是当断言数大于 1 时，则必须要加入异常处理机制。因为没有这个处理机制，只要当前断言失败了，Python 就会抛出错误异常，然后停止后续的工作。换言之，后面的断言都不会执行。

现在，我们为每一个"断言"都添加了异常处理机制，这样所有的"断言"都可以遍历到了。即使有的"断言"失败了，也不会影响后面的"断言"。我们来看看如何处理"断言"失败的情况。首先执行一个 print 语句，输出捕获到的异常信息，这样在 Python 的控制台和 HTMLReport 中就能看到这些信息了。然后，我们把 self._assertion_flag 这个标记位改成 False。我们认为，只要有一个验证点没通过，这个测试用例就是不通过的，所以对于每一个异常处理，都需要加入该语句（不用担心改成 False 以后，状态没法变回 True。在 setUp 初始化方法中，通过 self._assertion_flag = True 这行代码可以将其改回 True）。

最后，在第 229 行，作者使用了一个巧妙的"假断言验证"来判断 self._assertion_flag 的最终状态。如果其返回值是 True，则说明本自动化测试用例通过；相反，Python 最后就会因为断言失败而抛出异常。此时的这个异常千万不能"处理"，因为一旦将其处理掉了，脚本是"假定"通过的。所以，这里设置的"假断言验证"绝对不是多此一举，因为之前虽然有异常，但是为了让 Python 脚本继续能够执行，我们全部处理掉了这些异常，这样，Python 解释器会"很天真"地认为测试脚本没有错误。

6.2.3　public_func.py

下面分析一下 public_func.py 这个脚本。这个脚本的内容如下。

```
1   # -*- coding:utf-8 -*-
2
3   import requests
4   import re
5   import os
6   import pickle
```

```
7
8
9  class HttpRequest(object):
10     def _ _init_ _(self, api_name):
11         self._host_and_port = 'http://IP 地址:3000'
12         self._api_prefix = '/api/v1'
13         self._api_name = api_name
14         self._url = self._host_and_port + self._api_prefix + self._api_name
15         print(u'拼接完毕后的最终 URL 是：', self._url)
16
17     def get(self, payload):
18         _response = requests.get(url=self._url, data=payload)
19         return _response.json()
20
21     def post(self, payload):
22         _response = requests.post(url=self._url, data=payload)
23         return _response.json()
24
25
26 class PublicFunc(object):
27     def wipe_off_html_labels(self, html_str):
28         dr = re.compile(r'<[^>]+>', re.S)
29         dd = dr.sub('', html_str)
30         return dd
31
32
33 class 测试用例执行情况统计分析器(object):
34     def _ _init_ _(self):
35         self._file_name = '测试用例执行情况.pk'
36         self.__pickle 文件初始化(self._file_name)
37
38     def _ _pickle 文件初始化(self, file_name):
39         if os.path.exists(file_name):
40             # print(u'你所设置的文件"{0}"已存在。'.format(file_name))
41             pass
42         else:
43             print(u'你所设置的文件"{0}"不存在。系统会为你自动创建并初始化数据。'.format(file_name))
44             _folder_path = os.getcwd()
45             _file = _folder_path + '\\' + file_name
46             _dict_data = {'已执行测试用例总次数': 0,
47                           '测试用例失败总次数': 0}
48             with open(_file, 'wb') as f:
49                 pickle.dump(_dict_data, f)
50
51     def _ _Python 之 pickle 模块_序列化对象(self, file_name, dict_data):
52         with open(file_name, 'wb') as f:
53             pickle.dump(dict_data, f)
54
55     def _ _Python 之 pickle 模块_反序列化对象(self, file_name):
56         with open(file_name, 'rb') as f:
```

```
57              _dict_data = pickle.load(f)
58              return _dict_data
59
60      def 增加测试用例执行次数(self):
61          _dict_data = self.__Python 之 pickle 模块_反序列化对象(self._file_name)
62          _dict_data['已执行测试用例总次数'] += 1
63        self.__Python 之 pickle 模块_序列化对象(self._file_name, _dict_data)
64
65      def 增加测试用例失败次数(self):
66          _dict_data = self.__Python 之 pickle 模块_反序列化对象(self._file_name)
67          _dict_data['测试用例失败总次数'] += 1
68          self.__Python 之 pickle 模块_序列化对象(self._file_name, _dict_data)
69
70      def 已执行测试用例总次数(self):
71          _dict_data = self.__Python 之 pickle 模块_反序列化对象(self._file_name)
72          _已执行测试用例总次数 = _dict_data['已执行测试用例总次数']
73          return _已执行测试用例总次数
74
75      def 测试用例失败总次数(self):
76          _dict_data = self.__Python 之 pickle 模块_反序列化对象(self._file_name)
77          _测试用例失败总次数 = _dict_data['测试用例失败总次数']
78          return _测试用例失败总次数
79
80
81  if __name__ == '__main__':
82      # 当前 Python 模块的调试
83      _html_str = '<div class="markdown-text"><p>赵旭斌　余杰　编著\n 让广大读者久等了,
            We wake up!</p>\n</div>'
84      public_function = PublicFunc()
85      res = public_function.wipe_off_html_labels(_html_str)
86      print(u'利用 " 正则 " 去除 html 标签后的效果如下：\n{0}'.format(res))
87
88      wechat_dict = {}
89      wechat_dict['姓名'] = '余杰'
90      wechat_dict['微信号'] = 'autotest_coach'
91      wechat_dict['姓名'] = '赵旭斌'
92      wechat_dict['微信号'] = 'iquicktest'
93      print(u'最新更新后的微信联系方式的字典：{0}'.format(wechat_dict))
```

第 3～6 行代码用于导入模块，公共类中的各种方法需要用到哪些模块，这里就导入哪些模块。这里用到了以下模块：①requests 模块，它是 HTTP 接口测试的核心模块，requests.get 和 requests.post 均使用这个模块；②re 模块，它是正则表达式模块；③os 模块，该模块很常用，用于处理一些文件夹操作；④pickle 模块，该模块是将数据序列化到内存和将数据从内存中反序列化的模块。

HttpRequest 类和 PublicFunc 类之前已介绍过了，这里不再讲解。下面来讲解"测试用例执行情况统计分析器"这个类。

首先来看一下这个类的构造函数＿_init＿_。我们设置了 Pickle 文件的文件名，这里注意一下，文件扩展名其实是随便取的，文件名为"测试用例执行情况.LOL"都是允许的，不过不能使用 txt、xlsx 之类的，因为这等于直接把数据放到 TXT 文件和 Excel 文件中了。关键是在第 36 行代码中调用了"＿_pickle 文件初始化"这个方法，在构造函数中调用其他函数会是什么效果？这个要从实例化讲起。为什么会有构造函数这个概念，其实类里面不写构造函数也是可以的，但是有时候是必须要写的。这里写了构造函数，因此在实例化的时候就会先执行构造函数的内容。我们看一下这个"＿_pickle 文件初始化"函数做了些什么。

传入"测试用例执行情况.pk"这个 file_name 后，该函数判断指定路径下是否存在这个文件。如果存在，则不去理会；如果不存在，就自动创建一个文件，然后利用 pickle.dump 将初始的字典数据序列化到内存中，所谓内存也就是"测试用例执行情况.pk"这个文件。

这里讲解一下第 39 行代码，这行代码使用的是 os 模块，其作用是判断指定路径下的文件是否存在。因为这里设置的参数是"测试用例执行情况.pk"，并没有给出路径，所以 os 模块会判断 public_func.py 同级目录下是否有指定文件。第 44 行的 os.getcwd() 会获得当前所在文件，也就是 public_func.py 的文件夹路径。

为什么"＿_pickle 文件初始化"这个函数的名字那么奇怪，前面有两条下画线。这表示它是一个私有方法，当我们不想把方法暴露出去的时候，就加两条下画线。

下面接着讲"＿_Python 之 pickle 模块_序列化对象"和"＿_Python 之 pickle 模块_反序列化对象"这两个函数。pickle 模块比较简单，pickle.dump()用于序列化，pickle.load()用于反序列化。"序列化"函数有两个参数，一个是存放的地方，另一个是存放的内容；"反序列化"函数只有一个参数，就是具体要读取哪个 pickle 文件。不过，这里需要注意 pickle 的一个特性，即每次序列化数据到文件中时，之前的数据是不保留的，所以如果要保留数据，则将新的数据序列化到一个新的文件中。

下面讲解"序列化"是如何实现的，请看第 52 行代码，这行代码的作用是打开一个文件，然后配合第 53 行代码把数据放到这个文件中。不过这里需要注意的是，打开文件的参数是"wb"，w 是 write 的意思，即写入数据，这一点很好理解，关键是后面的字母 b 是必须要加上去的，不然程序会报错。因为 b 是表示字节流，所以要将数据序列化就必须通过字节流的方式进行。"反序列化"是由第 56 行代码实现的，唯一的区别是，"反序列化"的参数是"rb"，r 就是 read 的意思，即读取数据，b 与刚才一样，是字节流的意思。

我们再看第 56 行，这里介绍 with open 语句。使用了 with 以后，我们在程序结尾的时候就可以不用写 file.close()了，作者喜欢用 with open 语句，因为这简化了程序。

第 60 行和第 65 行的"增加测试用例执行次数"和"增加测试用例失败次数"这两个函数的设计思路是类似的，我们以前者为例进行介绍。第 61 行代码先从内存中获取一次最新更新过的字典数据，然后传给变量_dict_data；第 62 行代码是将这个字典里的键值"已执行测试用例总次数"加 1（$a \mathrel{+}= 1$ 是缩略写法，完整的写法是 $a = a + 1$）；第 63 行代码再把"更新"后的最新数据继续存储到这个文件中。

第 70 行的函数"已执行测试用例总次数"和第 75 行的函数"测试用例失败总次数"理解起来就更简单了，其作用是从文件中读当前字典数据，不过记得要让这两个函数返回返回值。

最后，我们讲解第 81~93 行代码。**if＿＿name＿＿ == '＿＿main＿＿':** 用于单模块调试，其他模块在调用的时候是不会运行下面的代码的。

6.2.4　run_test.py

最后一个脚本是 run_test 脚本，它的作用是将 UnitTest 框架下的测试用例组织到一起，然后使用 HTMLRunner 来执行，最后产生 HTML 格式的测试报告。那么，在讲解该模块前，先看一个效果。直接运行 UnitTest 的业务脚本 python_api_test_automation.py，结果如图 6.15 所示。

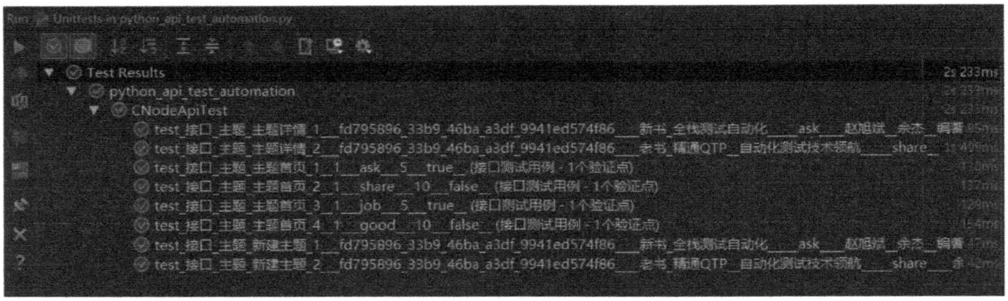

图 6.15　单元测试的结果

从图 6.15 中可以看到，这次所执行的测试用例全部通过了，右侧为测试的执行时间，如果某些测试用例失败了，它们同样会在 CNodeAp:Test 节点中逐条显示。

下面开始讲解 run_test.py 脚本。

run_test_py 的第 1~33 行如下。

```
1   # -*- coding:utf-8 -*-
2
3   import unittest
4   import os
5   import time
6   import HTMLTestRunner
7
8
```

```
9   def html_report_folder_path(folder_name):
10      _current_folder_path = os.getcwd()
11      _html_report_folder_path = _current_folder_path + '\\' + folder_name
12      is_folder_existed = os.path.exists(_html_report_folder_path)
13      if is_folder_existed:
14          print(u'HTMLReport存放路径: "{0}" 已存在。'.format(_html_report_folder_path))
15          return _html_report_folder_path
16      else:
17          print(u'HTMLReport存放路径: "{0}" 不存在。系统会为你自动创建。'.format(_html_
                report_folder_path))
18          os.makedirs(_html_report_folder_path)
19          return _html_report_folder_path
20
21
22  def test_cases_set():
23      test_suite = unittest.TestSuite()
24      from CNode专业中文社区API测试 import python_api_test_automation
25
26      # test_suite.addTest(unittest.makeSuite(python_api_test_automation.CNodeApiTest))
27
28      test_suite.addTest(unittest.makeSuite(python_api_test_automation.CNodeApiTest,
29                                      prefix='test_接口_主题_主题首页'))
30      test_suite.addTest(unittest.makeSuite(python_api_test_automation.CNodeApiTest,
            prefix='test_接口_主题_新建主题'))
31      test_suite.addTest(unittest.makeSuite(python_api_test_automation.CNodeApiTest,
            prefix='test_接口_主题_主题详情'))
32
33      return test_suite
```

第 3～6 行用于导入需要使用到的模块。不要忘了导入 HTMLTestRunner 模块。

第 9～19 行是 **html_report_folder_path** 函数，里面的知识点前面都已经讲过了，这里不再重复阐述。

重点讲一下第 22～33 行的 **test_cases_set** 函数，这个函数的作用是生成 UnitTest 的测试套件。

第 23 行的 **test_suite = unittest.TestSuite()** 将 unittest 的 TestSuite 进行实例化，然后后续的工作"添加你需要的测试用例到这个测试套件中"才能进行。

第 24 行代码用于导入业务模块，不然 **python_api_test_automation** 这个业务模块文件下的测试类无法使用。

第 26 行用于添加测试用例，使用的是 addTest()方法，然后将业务模块下具体的 UnitTest 测试类 CNodeApiTest 作为参数填写好。这样，该测试类下所有的 test 方法就全部被添加到套件中了。不过，这里把这行代码注释掉了，因为不推荐这种方式，原因有两个：其一，不一定要将这个测试类中的所有测试用例添加到测试套件中；其二，测试用例的执行顺序是根据拼音或者英文的首字母排列的，是固定的。

　　所以，作者推荐像第 28 行到第 31 行那样去编程，逐个将测试用例添加到测试套件容器中，这样的话，执行顺序就是添加测试用例的顺序。最后，不要忘了返回这个测试套件容器给 **test_cases_set** 函数体，后面需要 HtmlTestRunner 执行测试。

　　run_test_.py 的第 36～50 行如下。

```
36 if __name__ == '__main__':
37     now = time.strftime("%Y-%m-%dT%H-%M-%S", time.localtime(time.time()))
38     print(u'格式化后的时间戳: {0}'.format(now))
39
40     _folder_path = html_report_folder_path(folder_name='HTMLTestReports 接口 API 自
           动化测试报告中心')
41     _html_report_file_absPath = os.path.join(_folder_path, u'接口 API 自动化测试报告
           _' + now + '.html')
42     print(u'HTML 测试报告文件的绝对路径: {0}'.format(_html_report_file_absPath))
43
44     fp = open(_html_report_file_absPath, 'wb')
45     runner = HTMLTestRunner.HTMLTestRunner(stream=fp,
46                                            verbosity=2,
47                                            title=u'接口 API 自动化测试报告 – 测试结果展示',
48                                            description=u'测试用例执行情况如下: ')
49     runner.run(test_cases_set())
50     fp.close()
```

　　下面继续看第 37 行代码，这里自定义了时间格式，然后传给变量 now。这个变量会和第 40～41 行的代码进行拼接（使用 os.path.join 来实现），最后生成 HTML 报告的最终路径（如**接口 API 自动化测试报告_2018-06-23T14-16-22.html**）。这样，执行完测试用例以后，测试结果的内容就会写到指定位置的 HTML 文件中。

　　第 44～50 行是 HTMLTestRunner 的执行体，这里特意没有使用 "with open" 的文件流打开方式。我们可以看到，在最后一行，需要通过 fp.close() 这个语句来将文件流关闭，不然会有问题。

　　第 45 行用于将 HTMLTestRunner 模块中的 HTMLTestRunner 类实例化，然后才能在第 49 行使用 run 方法执行之前的测试用例套件。

　　最后，我们讲一下 HTMLTestRunner 模块的使用方法。这里有 4 个参数，分别是 stream、verbosity、title 和 description。除了 stream 是必填参数以外，其他 3 个都是选填的。这几个参数的作用如下。

- **stream 参数**：表示需要打开的文件流，这里是 .html 文件。
- **verbosity 参数**：表示 Python 控制台的显示方式。默认情况下，每执行完一个测试用例，如果通过，控制台增加并显示 1 个 "."；如果失败，控制台增加并显示 1 个 "F"；如果异常，控制台增加并显示 1 个 "E"，最后的效果大致如下。

（测试用例全部通过）：　　..........

```
(有失败的测试用例或全部失败)：    ...F...F.. / FFFFFF
(有异常的测试用例或全部异常)：    ...E.... / EEEEEE
(通过、失败、异常都有的情况)：    F...E..F...
```

这种显示方式的优点是不占用控制台空间，不过不是很直观，所以这里把这个参数的值改成 2，然后执行测试用例，控制台的显示效果如图 6.16 所示。

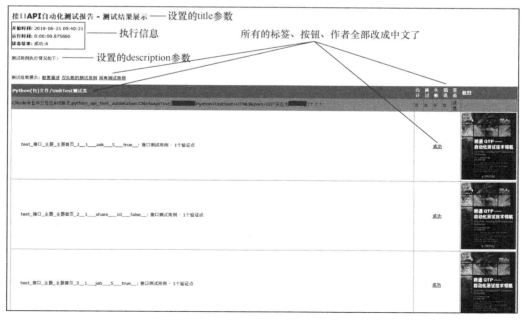

图 6.16　控制台的显示效果

从图 6.16 中可以看到，这种显示方式很直观，测试结果（成功显示为 ok，失败显示为 F，异常显示为 E）和测试用例名称都逐条地显示出来了。

- **title 参数**：表示 HTML 文件打开以后显示的文件标题，如果不设置该参数，会显示默认的 title——HTML Report。
- **description 参数**：表示在 HTML 报告中显示一段自定义的描述。

打开生成的自动化测试报告，报告的部分内容如图 6.17 和图 6.18 所示。

图 6.17　自动化测试报告上面的内容

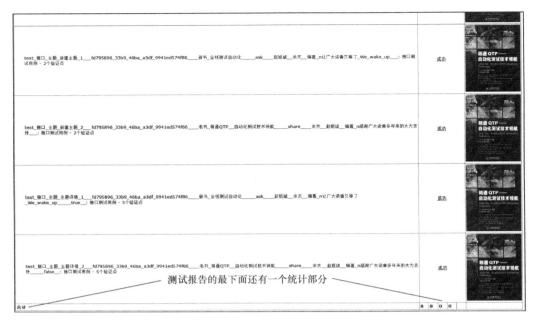

图 6.18　自动化测试报告下面的内容

在图 6.17 和图 6.18 所示的测试报告中，我们并没发现验证失败的测试用例。现在故意让测试用例执行失败，我们看一下这份自动化测试报告的内容。图 6.19 和图 6.20 所示为报告的部分内容。

图 6.19　测试用例失败后，自动化测试报告上面的内容

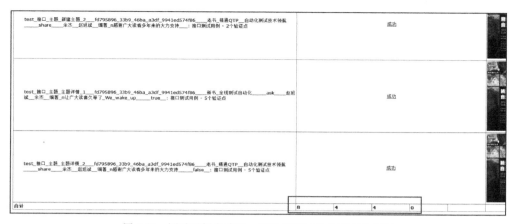

图 6.20　测试用例失败后，自动化测试报告下面的内容

6.3　本章小结

即使不操作 UI，我们仍然能通过调用各类 API 来完成测试。如图 6.21 和图 6.22 所示，调用 API 发新帖子。其实接口测试就是一个无界面的功能测试。

图 6.21　调用 API 发的新帖子

图 6.22　再次调用 API 发的新帖子

附录 A　JMeter 接口测试实战

相信很多人听过 JMeter 这款工具，这是一款很不错的性能测试工具。用 JMeter 一样可以实现 HTTP 的接口测试。当然，同类的产品还有很多，比较出名的还有 Postman 等，基本原理其实都是一样的。

这个附录将介绍如何使用工具来进行接口测试。我们依然使用 CNode 这个网站作为测试对象，案例涉及源码可加读者交流 QQ 群（470983754）领取。

A.1　JMeter 接口测试实现过程

具体的项目背景和接口的作用这里不再重复介绍了，请参考 6.1 节。下面逐步讲解 JMeter 接口测试的实现过程。

在打开 JMeter 以后（见图 A.1），默认有一个测试计划。测试工作是按照这个计划进行的，默认名称是 TestPlan，这个名称可以修改。下面把这个名称修改成"新书《全栈软件测试自动化》"，如图 A.2 所示。

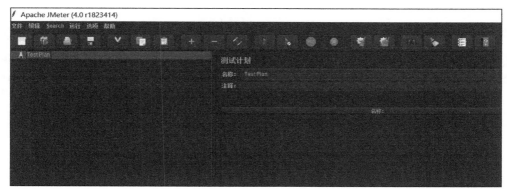

图 A.1　JMeter 打开后的界面

右击"测试计划"，选择"添加"→"线程组"命令，并把线程组命名为"JMeter 接口测试实例"，如图 A.3 所示。

接着，右击"JMeter 接口测试实例"，选择"添加"→"Sampler"→"HTTP"来创建第一个接口测试用例——主题首页，如图 A.4 所示。

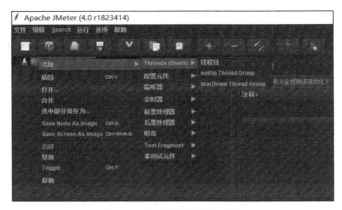

图 A.2　修改测试计划的名称

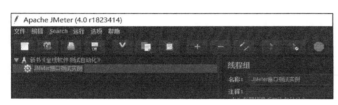

图 A.3　命名线程组

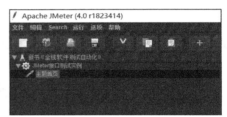

图 A.4　创建的第一个接口测试用例

接下来，进行接口的配置并输入参数，图 A.5 所示的方框部分都是必填项。

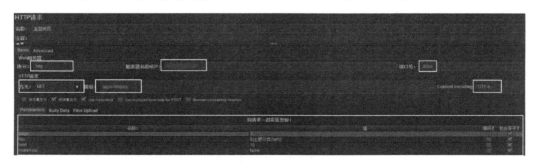

图 A.5　配置接口并输入参数

- **协议**：这里填写 HTTP。
- **服务器名称或 IP**：填写实际的 IP 地址。
- **端口号**：填写实际的端口号。
- **HTTP 请求"方法"**：如果是 GET 方法就填写 GET，如果是 POST 方法就填写 POST。

- **HTTP 请求选项组下的"路径"**：根据接口文档填入不同的接口路径。
- **Content encoding**：填写 UTF-8。
- **Parameters**：单击工具栏中"+"按钮可以填写接口参数，根据接口文档添加即

可。这里我们重点说一下第 2 个参数 limit，其后面的值是${主题分类(tab)}，其实这表示参数化。因为主题分类有很多种，我们不可能把这个参数的值固定，也不可能对每一个参数新建一条测试用例，所以 JMeter 也是支持数据驱动模式的，把数据和脚本分离。这个 limit 值如图 A.6 所示。

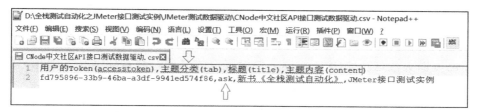

图 A.6　limit 值

在本地路径建立一个 CSV 数据文件，作者把一些需要分离的业务数据放到这个文件中，多个数据参数以英文输入法下的逗号隔开。第 1 行是测试数据的标题，从第 2 行开始才是具体的数据，读者只需要对应地填写即可，同样以逗号隔开，但是位置千万别搞错了！

接下来，该怎么在 JMeter 中使用这.CSV 文件呢？右击线程组，从上下文菜单中选择"添加"→"配置元件"→".CSV 数据文件设置"，如图 A.7 所示。

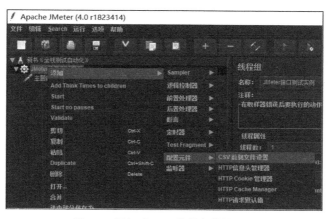

图 A.7　添加".CSV 数据文件设置"

需要注意的是，添加的"CSV 数据文件设置"默认位置位于线程组的最后，我们需要把它手动设置到线程组（JMeter 接口测试实例）的最前方，这样，后面的"调用者"才能使用它，如图 A.8 所示。

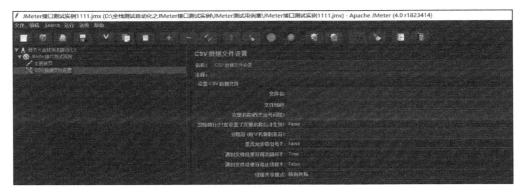

图 A.8　调整"CSV 数据文件设置"的位置

我们也可以更改这个"CSV 数据文件设置"的名称，注意图 A.9 中做标记的地方。

图 A.9　CSV 数据文件的设置

- 文件名：加载的.csv 文件的名称。
- 文件编码：选择 UTF-8。
- 变量名称：这里注意，因为 Jmeter 的默认分隔符为逗号，所以作者在设置.csv 文件首行时，直接使用了逗号，只需要把.csv 文件的首行复制过来即可。
- 忽略首行：JMeter 默认是 False，这里务必改成 True。将此选项改成 True 以后，首行就不会作为测试数据了。

后面的几个选项全部保持默认设置。

通过上述的操作，一个接口测试已经写好了，我们尝试运行一下这个接口，看看接口是不是能够运行。单击图 A.10 中的三角形按钮就可以运行了。

图 A.10　JMeter 工具栏中的三角形按钮

但是单击这个三角形按钮以后，我们发现屏幕好像跳动了一下，然后又"风平浪静"了，似乎没有什么变化。其实，接口测试的程序的确已经执行了，只是我们没有监控它而已，所以感觉不到变化。接着添加一个监听器，如图 A.11 所示。

图 A.11　添加监听器

接下来，再次选中"主题首页"这个接口测试并执行。执行完以后，选中"查看结果树"来看结果，如图 A.12 所示。

图 A.12　调用接口返回的结果

从图 A.12 中可以看到，在调用接口以后，响应的报文信息全部展现出来了。只是到目前为止我们仍然不能称之为自动化测试，因为还差最后一步，即自动化测试的验证断言。下面来看一下用 JMeter 是怎么添加断言的。具体操作如图 A.13 所示。

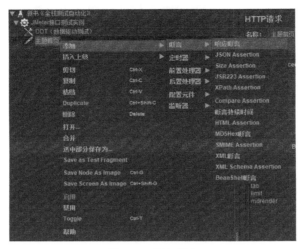

图 A.13　添加断言

我们把响应报文中的 **" success " :true** 作为断言（引号不能省略），并且配置断言错误时所给出的提示信息，如图 A.14 所示。

图 A.14　配置断言错误时所给出的提示信息

添加断言以后，我们再执行一下这个接口测试，并查看"取样器结果"，如图 A.15 所示。

图 A.15　取样器结果

从图 A.15 中可以看到，自动化测试的结果通过了，这说明断言成功，接口测试没有问题。接下来，我们故意让断言失败，如图 A.16 所示。

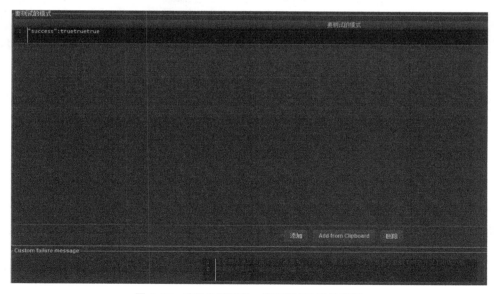

图 A.16　重新设置断言，模拟断言失败的情况

然后再次运行这个接口测试，如图 A.17 所示。

图 A.17　断言失败后再次运行接口测试

从图 A.17 中可以看到，断言失败了，具体的失败情况和失败后的信息都会在 Assertion result 这个区域显示出来。

我们接着做第二个接口测试——"新建主题"。图 A.18 所示是"HTTP 请求"界面，我们只需要与之前一样进行各种配置并输入参数就可以了，唯一的区别是"新建主题"中使用的 HTTP 请求方法是 POST。

图 A.18　"HTTP 请求"界面

同样，我们先执行"新建主题"这个接口测试，返回的响应数据如图 A.19 所示。

图 A.19　返回的响应数据

"新建主题"接口测试是一个比较重要的接口测试，有承上启下的作用。下面分析一下它的响应报文。它返回的这个 JSON 格式的报文内容并不多——两个，一个是 success，另一个是 topic_id。

success 这个键会配置成断言，与之前一样，这里不多做阐述。"新建主题"的断言配置如图 A.20 所示。

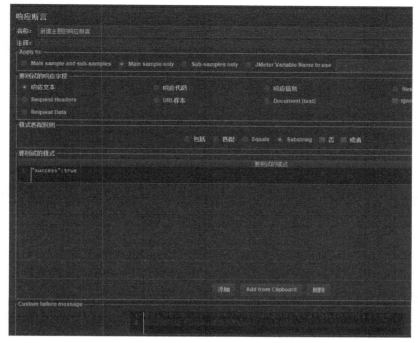

图 A.20　"新建主题"的断言配置

topic_id 这个键是非常重要的，这是一个动态的返回值，而且会被后续很多业务用到。这个值在 JMeter 中怎么处理呢？答案是使用正则提取器，把这个值提取出来，然后将其保存到一个临时的"地方"，其他接口需要使用它时就可以到这个"地方"去获取。

下面来看一下具体怎么完成这个操作。首先，右击"新建主题"，然后选择"添加"→"后置处理器"→"正则表达式提取器"命令，弹出"正则表达式提取器"界面，如图 A.21所示。

图 A.21　"正则表达式提取器"界面

我们对图 A.21 所示的界面解释一下。

- 名称：用户自己取名即可。
- 引用名称：可随意取，不过后续它是要被用到的，使用的时候名称不要输入错误。
- 正则表达式：将 topic_id 键的值先复制过来，然后将需要匹配的"具体 id"使用正则表达式表达出来，这里是（.+?）。下面对（.+?）解释如下。

() ——括起来的部分就是要提取的。

. ——表示匹配任何字符串。

+ ——表示一次或多次。

? ——表示在找到第一个匹配项后停止。

- 模板：用"$"引起来，如果正则表达式中有多个正则表达式，则可以使用"$2$$3$"等形式，表示解析到的第几个值，如$1$表示解析到的第 1 个值。

> **提示**
>
> 正则表达式是很多测试工程师的"痛点"，其实 JMeter 的官方帮助文档中有相关的解释和示例，如图 A.22 所示。
>
> ---
>
> **Extract single string**
>
> Suppose you want to match the following portion of a web-page:
> `name="file"  value="readme.txt">`
> and you want to extract `readme.txt`.
> A suitable regular expression would be:
> `name="file"  value="(.+?)">`
>
> The special characters above are:
>
> (and)
>   these enclose the portion of the match string to be returned
>
> .
>   match any character
>
> +
>   one or more times
>
> ?
>   don't be greedy, i.e. stop when first match succeeds
>
> Note: without the `?`, the `.+` would continue past the first `">` until it found the last possible `">` - which is probably not what was intended.
>
> Note: although the above expression works, it's more efficient to use the following expression:
> `name="file"  value="([^"]+)">` where
> `[^"]` - means match anything except `"`
> In this case, the matching engine can stop looking as soon as it sees the first `"`, whereas in the previous case the engine has to check that it has found `">` rather than say `" >`.
>
> **Extract multiple strings**
>
> Suppose you want to match the following portion of a web-page:
> `name="file.name"  value="readme.txt"` and you want to extract both `file.name` and `readme.txt`.
> A suitable regular expression would be:
> `name="([^"]+)"  value="([^"]+)"`
> This would create 2 groups, which could be used in the JMeter Regular Expression Extractor template as `$1$` and `$2$`.

图 A.22　正则表达式的解释和示例

下面介绍最后一个接口测试——"主题详情"，它要用到"新建主题"以后返回的 topic_id 的值，其 HTTP 请求配置界面如图 A.23 所示。

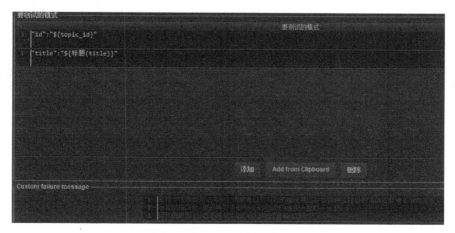

图 A.23　"主题详情"的 HTTP 请求配置界面

这个接口的请求是不需要输入参数的，看似简单——只是一个带有 topic_id 的 URL 路径。其实，它比其他接口要难得多，如果不会使用正则表达式，这个接口就无法做自动化测试。不过，对于我们来说，不存在这个问题，在这里我们使用"${topic_id}"（一个美元符号、一对大括号和引用名）进行引用，引用名称千万别输入错误。

然后，同样要对这个接口进行断言配置，如图 A.24 所示。

图 A.24　"主题详情"的断言配置

这个接口有两个断言，id 的结果引用正则表达式，title 的结果引用 CSV 数据文件。无论引用什么，在 Jmeter 中，引用的写法就是"${被引用物}"。

在所有接口写完以后，我们整体运行一下，测试结果如图 A.25 所示。

从图 A.25 中可以看到，所有接口全部测试通过了，这个结果其实不是真正的测试报告，毕竟太简单了。JMeter 提供了很多报告，我们接下来添加几款报告看看效果。首先添加一款专门针对断言结果的报告（依次选择"添加"→"监听器"→"断言结果"命令），如图 A.26 所示。

图 A.25　简单的测试结果　　　　　　图 A.26　针对断言结果的报告

从图 A.26 中可以看到，所有断言都会显示在这个区域，如果发生断言错误的情况，会显示错误详情。

接下来，再添加一份总的测试报告（依次选择"添加"→"监听器"→Summary Report 命令），如图 A.27 所示。

图 A.27　总的测试报告界面

最后，给出完整的 JMeter 接口测试项目，如图 A.28 所示。

图 A.28　完整的 JMeter 接口测试项目

附录 B　移动端网络抓包

相信读者对网络抓包这个词不陌生，网络抓包即把客户端与服务器端之间的数据抓取下来。但是很多读者可能对移动端的抓包方式不太了解，因此附录 B 就对这部分内容进行简单的介绍，希望读者能够从中受益。

B.1　抓包的基本原理

通常情况下，如果测试的移动端 App 包含网络通信，会以 HTTP(S) API 协议作为两者之间数据交互的"桥梁"，但想要直接获取到这个"桥梁"的数据几乎是不可能的，那么我们如何通过间接的方式才能获取到这些数据呢？其实方法很简单，即亲自去搭建一座这样特殊的"桥"，也正是因为这座"桥"是我们自己搭建的，所以我们可以访问这个"桥"上面的所有数据内容。

1．"桥"是如何搭建出来的

要搭建这样的"桥"其实不难，可以利用代理作为"中间人"，即代理就是刚才提到的特殊的"桥"。这里把原来客户端与服务器端的"桥"给拆了，中间搭建一个代理作为新"桥"。

2．实现原理

我们可以通过修改客户端的代理 IP 和端口将客户端的请求全部指向代理代理服务器，这一步做了两件事：第①拆"桥"，因为一旦改了代理 IP 和端口，原来的请求就不再发送到原来的服务器了，"桥"就被成功拆除了；第②搭"桥"，如果修改的代理 IP 和端口是一个可以连接到的代理服务器，那么新 "桥"就搭建好了。

B.2　实例

1．安装 mitmproxy

打开 mitmproxy 网站首页，直接按照首页上的说明安装 mitmproxy 即可，如图 B.1 所示。

图 B.1 安装命令

这里介绍的是 Mac 版本的安装过程，Windows 版本也提供相应的安装包，只需要单击 other downloads 选项即可，官方网站甚至提供 Docker 支持。

安装完成以后，只需要一个命令行 mitmproxy 就可以启动了。启动完成后的界面如图 B.2 所示，但由于目前我们没有任何客户端连接到这个代理服务器，因此 mitmproxy 暂时不会显示任何信息。

图 B.2 启动 mitmproxy

2．在移动端配置代理

在配置代理之前，我们首先需要知道代理的 IP 和端口，其实这个代理就是我们刚才启动代理的那台计算机的 IP，端口默认是 8080，如图 B.2 右下角显示。在确认好代理的 IP 和端口之后，下一步要做的就是在移动端 iOS 或者 Android 手机上找到对应的 Wi-Fi 并修改其代理的 IP 和端口。

3．安装证书支持 HTTPS

这一步很重要，目前大多数移动端应用使用 HTTPS，因此如果不安装证书，mitmproxy 基本上是不可用的。具体怎么安装证书这里就不详细介绍了，mitmproxy 官方网站已经提供了非常详细的安装步骤，照着做就行。

4．开始抓包

所有的准备工作完成后，就可以开始利用 mitmproxy 进行 HTTP(S)抓包了。用户可以打开 App，也可以直接在浏览器中打开任何网页进行抓包，如图 B.3 所示。

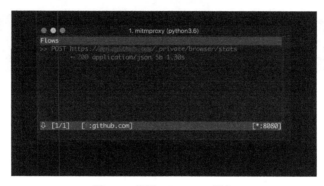

图 B.3　使用 mitmproxy 抓包

在正常情况下，我们会看到很多条如图 B.3 所示的记录信息，POST 是请求的方法，后面跟着 URL，同时可以看到返回码及响应时间等。当然，信息远远不止这些。

5．查看包中每一个请求的详细内容

要查看包中每一个请求的具体内容，直接按 Enter 键即可，如图 B.4 所示。

提示

　　如果读者感觉命令行操作不是很方便，mitmproxy 也提供了 Web GUI 版本（见图 B.5）。这个对于不喜欢记快捷键和在命令行模式下操作的读者来说绝对是一个好消息。另外，Web GUI 版本还有一个优势：在命令行模式下，如果请求包含图片会出现"卡顿"现象，但是在 Web GUI 版本下没有任何问题。具体启动方式也很简单，只需要在命令行中输入命令 mitmweb 即可。

图 B.4　包中每一个请求的详细内容

图 B.5　Web Gui 版本的 mitmproxy

　　虽然 mitmproxy 是一款免费的网络抓包工具，但是其功能毫不逊色于同类的收费工具，建议读者使用该工具，也可加读者交流 QQ 群（470983754）领取该工具安装包。

读书笔记

读书笔记